李韡玲教你養生必懂的

生活美事

健體食療、
心靈護養手記

天然美顏養生專家
李韡玲 著

萬里機構

推薦序

願人人都能享受喜樂茶飯

讀吾友李韡玲文集，猶如讀養生抗疫百科全書，例如從食療、美顏到運動等知識，她都涉獵。這一次，她境界更高更廣，重點說有關米及其功效。

亞洲各國，大部分都以米為主食，尤其是中國人強調：「一米一飯，當思來處不易。」人類一切文明發展，根植於大地。米乃大地給我們之恩賜，然而懂得珍惜者，卻似乎越來越少。此際李韡玲卻提醒我們，正合其時。

以農立國的地方，都順應自然與天時：「春耕、夏耘、秋收、冬藏，四者不失時，故五穀不絕，而百姓有餘食也。」春天耕耘，夏天滋長，秋天收穫，冬天儲藏，大自然循環往復，生生不息。百姓有餘食，該個地方便生活安康。

年輕時，一位長輩提醒我：你看我們文化中最重要的「氣」字，從「米」，中間是「米」啊，可見米食對我們身體健康多麼重要。感謝長輩提醒，讓我認識到這美妙境界。不過，我從事醫生工作，要從科學角度，循證實踐，探索有關食物和健康這類題目。

寫本文時，正是新型冠狀病毒肺炎（或簡稱 COVID-19）肆虐全球之際，它不僅帶來無數病患、死亡和傷痛，還嚴重影響經濟和全球供應鏈，令我們無法不思考人類趨向全球化之利弊。作為研究公共衛生醫學的一員，除了治病，我更加須要關注「健康平等」。

健康平等這問題既龐大且具迫切性，影響亞洲區內超過四十億人，佔全球約六成人口。我們的團隊剛於二零一九年啟動「健康平等——亞洲 2.0」項目，最終目標是讓每個人都有獲得全面、公平和持續發展與健康成長的機會，沒有人會因為處於弱勢，而無法實現該理想。而新型冠狀病毒肺炎的疫情，似乎更突顯了解決這問題的急切性。

春耕、夏耘、秋收、冬藏——種米務農如是，人生也許亦如是。佛家故事説「地上一粒米，天上一座山」，新型冠狀病毒肺炎其實福禍相倚，帶來災害，亦衍生新機，願未來世界太平，人類安康，每一個人，無論身份性別，無論在哪裏，都能享受喜樂茶飯。

梁卓偉
香港大學李嘉誠醫學院院長

［自序］壽而不康人間慘事

長壽而不健康，整天哼哼唧唧躺在床上長嗟短嘆動彈不得。是自己的十字架時也成了別人的十字架，彷彿是一個詛咒。所以，讓你長壽二百歲又如何？近日國內有記者做了一個有關百歲長者的報告，發現最多百歲長者的地方是江蘇南通，共有五百二十七人，佔全江蘇省百歲長者總數的四分之一。其中，多為女性，年齡最大的是一百一十一歲。

專家指出，人的壽命與經濟、醫療、社會和自然環境等有關，但個人的性格、飲食、活動、遺傳和家庭等應有很大影響。那裏的生活並不富裕，容不得居民養尊處優，但百歲長者說他們很滿足也感到快樂，勞動是每天不可少的工作。

他們從不關心年齡，他們的飲食主要是雜糧、米糠、麵粉，肉、魚、蛋和醃菜。蔬菜是每天必吃的，此外，還有豆製品。很少吃水果但最愛喝水。每日早晨起床後都會飲一大杯（碗）白開水，喝茶並不多。他們有句順口溜：「魚生火、肉生痰，白菜豆腐保平安。」故此，平日食得最多的還是青菜豆腐。不過，這些長者們從來都愛喝薑茶，含薑片，用艾粉加薑粉熱水泡腳，讓氣血正常。

Ling......

目錄

健體護身符

我愛米飯

防病護養良方

每天必做的功課

心靈護養

健體護身符

薑、薑粉、薏米粉、艾粉和薑黃粉，這些看似平凡的食材，對身體非常有益，是居家必備，看門口的寶物。

以薑粉為例，一旦有甚麼傷風感冒、頭暈身熱，即時飲杯薑粉蜂蜜茶，或者純薑粉熱茶，好快紓緩病痛，因為薑可以讓人發汗，加強心臟跳動、血液循環，保持體溫正常，同時讓毛孔張開，驅走風邪，消除感冒。

「薑」

家有一薑如有一寶

就算是無「飯」家庭，廚房裏都必須留有兩三塊生薑，以作不時之需或者急救之需。生薑或純薑粉那股濃濃的香味，來自它的揮發油；而薑的揮發油有加速血液循環的作用，同時能刺激腸胃分泌消化液，幫助消化。此外，生薑還可以對呼吸和血管的運動中樞有興奮作用，抑菌並能殺滅陰道滴蟲。

在中醫藥學的類別，它屬於解毒，能發汗、溫中止嘔，所以家裏怎麼可能沒有生薑備用呢？遇上消化不良，鬱悶無胃口，可以用幾片生薑、紅棗五粒去核切片，清水約兩飯碗份量，一起慢火熬十五分鐘飲用，一天飲兩劑，人會回復精神爽利，胃口重開。

一旦患上慢性胃炎又如何治療呢？中醫教路，取生薑二十克切成薄片、大棗（南棗）三十克、桂圓三十克、紅糖二十克，加入清水五百毫升，中慢火煎煮十五分鐘，分別於早上及晚間飲清，每日一劑。《名醫別錄》記載：「生薑主治傷寒頭痛鼻塞，咳逆上氣，止嘔吐。」大家都知道，薑味辛，但辛而不葷，可蔬可茹，可果可藥，是以出家人也可以吃食。

生薑之能力

煤氣公司Martin傳來的生薑功效與用法，挑選了一些簡易的、時常會用到的，例如牙痛的處理：切一塊薄生薑片，然後咬在牙痛處，不久，牙痛便會得到紓緩；如果遇上喉嚨痛癢，不妨用半茶匙純薑粉，倒入一杯熱水中，再加入少許幼海鹽，調勻飲用，每日飲二至三杯。如果你不想飲，可以用它來漱口，一日三、四次，同樣可以藥到病除；又例如孕婦的妊娠嘔吐，可以用純薑粉一小茶匙，紅糖適量，用一杯熱水調勻飲用，每日一次。

有些朋友乘船搭車坐飛機都會有暈浪情況，我提議上車落船搭飛機之前，口含生薑一片，吞嚥其汁；也可以在手腕內側腕後橫紋二吋的位置，貼一片生薑，然後用紗布包好，即可防止暈浪。

此外，將鮮薑切片，用明火烤熱，待至皮膚可接受的熱度，將薑片貼在手腕內側腕後橫紋二吋的位置，貼至熱度逐漸消退；有防止暈浪、紓緩關節腫痛及感冒咳嗽的功效。（見圖）

這雖然是古老的方法，但使用的是天然食品，用後不會有副作用。這些方法不僅自用，還可以與人家分享，不啻是美事一樁呀！

薑，在這個世界已活存了數千年，彷彿是為了保護人類而存在。它在食用、在藥用以至保健，無一不令人信服。怪不得民間有「家備小薑，小病不慌」之傳誦，可不是，遇上小病小痛，如傷風、感冒和頭痛，都自然想到薑。

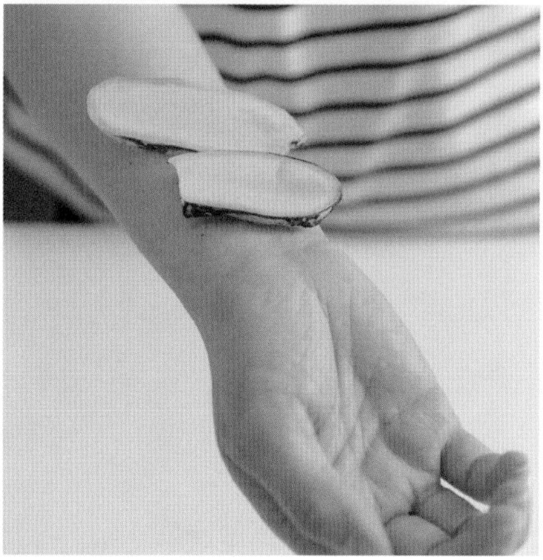

為甚麼夏天要吃薑？

收到朋友來電問：「為甚麼夏天要吃薑？這不是燥上加燥嗎？」是的，薑屬熱、燥之食品。許多人吃完薑之後，會出現便秘現象。

我們首先要明白，五、六月份正是子薑當造的季節。喜歡吃子薑的人都會此時入貨，然後醃製酸薑。中醫學或民間傳統素有冬病夏治的理論，認為天時暑熱的三伏天多吃薑，會驅病健康到年底，這即是養生。夏天天氣炎熱，為了消暑解熱，大部分人都會吃冷凍食品和飲品，而且天氣熱令人食慾不振，吸收太多寒涼食品對健康不利。薑這個時候正好平衡了體內的所謂濕氣，為積存在體內的濕寒清除個乾淨。

同時，薑的薑辣素可刺激人體唾液和胃液分泌，故能解除不振的食慾，促進腸胃蠕動。假如遇上便秘，應飲杯蜂蜜水或進食綠葉蔬菜或吃十根煮熟的秋葵，擔保翌日腸胃暢順。生薑含有薑辣素，進入人體後會產生抗氧化酶，消滅自由基，有抗衰老功效，並能預防老人斑的出現。

清晨含生薑片延年養顏

最近國內做了一個有關長壽且健康的研究。發現江蘇省古稱通州的南通市擁有最多超過九十歲的壽而康長者。現仍健在的一位已一百一十一歲，仍然有自理的能力。他（她）們的秘訣是每日皆有勞動（運動）、樂天知命地面對生活以及最愛早上含生薑片約半小時。方法是切一片薄薑片，去皮。放進口裏含着，然後慢慢嚼爛，吞口水，半小時後吐掉；這是他們代代相傳的秘方。今人研究發現，這樣子的含去皮生薑片，對身體的益處包括了：

一、讓清晨有待升發的胃氣得到健脾溫胃、促進陽氣升騰。

二、防止及治療感冒。早上起床最容易打噴嚏着涼；長期有早上含生薑片的養生習慣，感冒不再來。

三、生薑含有揮發油和薑酚，能促進血液循環和興奮腸道，幫助消化，預防膽結石。

四、生薑精油有保護及保養肝臟的功效。

五、生薑的辛辣成分薑辣素進入身體經過消化、吸收時會產生一種抗衰老物質，能夠阻止老人斑的形成，延緩人體老化。

註：生薑皮屬寒，不利剛起床的身體，故去掉。

分辨好薑壞薑

說說我作為家庭「煮」婦的選薑心得，搜集專家意見，總共有下列幾點：

一、品質好的生薑有濃烈的辛辣味

那些被硫磺燻過的薑，如果細心一點，你是會聞到硫磺味的，而且薑本身的味道會變淡許多，或者有其他雜味。而那些被敵敵畏（DDVP）噴過的生薑，味道亦一樣會變淡。

許多在超級市場出售、已洗淨並包裝好的鮮魚，裏面都放有葱和薑片，而薑片都是去皮、白淨和光滑的。你試咬一口，雖然貌似老薑，但不辣，薑味淡如水。我建議你把它們丟進垃圾桶裏，不要用。切記便宜莫貪呀！

二、宜購買連皮且沒有預先弄乾淨的薑

品質上乘的薑豐滿結實，外皮粗糙，繃得很緊；但被硫磺燻過的薑，彷彿被上了蠟一樣，光滑水嫩，如果用手蹭一下薑皮，硫磺薑的皮會很容易整片剝離（這個經驗你一定試過吧）。

三、留意薑肉和薑皮的顏色

薑肉的顏色和薑皮的顏色差別很大，敵敵畏薑也跟硫磺薑一樣漂亮得令人起疑。專家教路，被敵敵畏噴過的薑，特別飽滿、特別大，白白嫩嫩兼且乾淨得過了頭。

許多人愛食薑葱煀或焗生蠔，但我是絕對不會隨便在酒樓吃的，因為不知道是用甚麼薑。這也是我學煮飯的原因。

「薑粉」

薑粉的妙用

曾經有朋友患了關節炎、偏頭痛等痛症，苦不堪言，但又怕不斷吞服止痛藥，遲早上癮，成了藥物依賴。

同時大家都知道「是藥三分毒」，絕對是多吃無益的；於是，我教他們用以下方法來紓緩痛症。

首先把適量生薑粉在爐上烘烤至大熱，然後放在一塊厚紗布上，趁熱貼於患處，再用膠布黏緊。當薑粉熱度逐漸消退時，也正是疼痛處得以紓緩的時候，原理是：薑粉中的精油成分，會隨着熱力滲入患處的皮下組織。這時就會減輕疼痛，並促使關節腫痛的消失。

另一方面，許多人都知道一旦有甚麼傷風感冒、頭暈身熱，即時飲杯薑粉蜂蜜茶，或者純薑粉熱茶，也會好快紓緩病痛，因為薑可以讓人發汗，加強心臟跳動、血液循環，保持體溫正常，同時讓毛孔張開，驅走風邪，消除感冒。

所以，家居、旅行不能缺少一瓶生薑粉，以備不時之需。頭暈作嘔、暈機浪、暈車浪，可以放少許薑粉在舌底含着，也有紓緩之效。

抗新冠病毒肺炎貼士

來勢洶洶的新型冠狀病毒肺炎肆虐全球，人人都注重了個人衛生。我們必須做好防疫，除了戴口罩、勤洗手外，飲食方面也要謹慎：

一、注意飲食，盡量避免進食未經煮熟的食物。

二、飲薑茶等溫熱性食物。眾所周知，薑最大的功效是能溫熱身體。由於薑含有薑辣素和薑烯酚，有助加速血液循環，並能刺激胃液分泌，興奮腸管，促進消化。同時，薑還有興奮呼吸和血管運動中樞、抑菌、殺滅陰道滴蟲的作用。一如《本草綱目》所言：薑，

性微溫味辛。所以，在這個肺炎病毒猖獗的時期，奉勸平日少飲薑茶的你，每天早餐後最好能飲一杯純正生薑粉加蜂蜜茶。

方法很簡單：半茶匙純正生薑粉用滾水沖滿一杯，待稍涼後加入一大匙蜂蜜，調勻飲用。此品不但增強體質，還有抗氧化、防治老人斑、美膚、防大量掉頭髮。

最後一個提升體質的方法，就是運動，每日走路半小時或做家務，都是很好的方法。

熱薑茶治頭痛

在秋天的某夜，我坐在冷氣房內看電視，仍然穿着剛運動完的裝束，短褲加T恤，背脊還微微沾着汗，忘記了膝蓋、大腿和頸背的保暖。連連打了兩個噴嚏，到了十一時，頭開始痛，感冒來了，我最怕病，尤其這種令人厭悶的小病。

如何是好呢？

我想了一會。馬上沖杯薑茶。依理是，晚上吃薑等於食砒霜。原因是怕性熱且促進血液循環的薑進入原本應已靜止休息的身體內，會令人精神亢奮，所謂搞風搞雨，不能入睡。但我回心一想，我的身體目前正處於涼的狀態，如果飲杯熱薑茶，一如晚上食完大閘蟹要飲杯熱紅糖薑茶來驅寒一樣道理。於是一大茶匙純正薑粉，沖入大熱滾水，再加沖繩島黑糖（多少隨意），調勻，趁熱飲。不到十五分鐘，頭痛消失了，作感冒的情況也消失了。

晚上可以飲薑茶嗎？

疫情持續，提醒大家一定要每天做些運動，讓手腳變得靈活的同時，也可增強對任何病毒的抵抗力。還有，為了應付這個疫災，每天早餐後，務請飲一杯純生薑粉蜂蜜茶。使用的薑粉不必太多，大概三分一茶匙就足夠。

日前，一位牧師傳來訊息，說他在三聯書店買了一瓶生薑粉，翌日早餐後，依我書中教導飲薑粉蜂蜜茶抗疫。牧師用了三分二茶匙薑粉，倒入馬克杯內加滾水（大半杯），待溫度降低至暖和後，再加入一大茶匙蜂蜜。馬上飲一口。救命！牧師說，十分夠薑夠辣，比起他以前用的薑粉，一大茶匙也只是微辣，證明他在三聯書店買的這一瓶是純正薑粉云云。

接着牧師又問，日落後是否一定不可飲薑茶？我答道，那是指在一般情況下，如果身體有需要，例如：重感冒、發冷等，晚上是可以飲的。正如前文所說：晚上食過大閘蟹後，都會飲一大杯熱紅糖薑茶來祛寒，是同一道理。我說，牧師，不能一本通書讀到老，在不同情況下，都必須用不同方法來處理的。

【薏米粉】

薏米粉減肥祛水腫

你家裏有薏米粉嗎？那是利尿去水腫減肥的妙品，還有美白祛濕強肺的功用。一般的食用方法是加入湯水、果汁來飲用，也可以加入飯裏攪勻食用。據說日本近年把薏米列為防癌食品，認為它含有的多種維他命和礦物質有促進新陳代謝和減少胃腸負擔的作用。天天坐辦公室的女士或男士們最好每天都進食至少一大茶匙薏米粉。因為它能使情緒低落、鬱悶的你變得精神奕奕，原來一個人如果濕氣重、水腫等都會使人變得了無生氣、疲乏困倦。

薏米的利尿去水作用就最能幫上忙。薏米有皮膚守護神之稱，用薏米粉加水調成糊狀來做面膜，美白效果不言而喻。

當皮膚遇上春天

春天來了，花粉症、濕熱症也來了。由於萬物蘇醒，所以蛇蟲鼠蟻也跑出來了。

這陣子到公園運動，單是站着拉筋、彎腰、壓腿不到十分鐘，已經一腳蚊蟲叮過的痕癢；所以，有時候急行了差不多一小時也不敢坐下來休息，因為一旦停下來又惹蚊蟲光顧了。這個季節戴上口罩，也是一件美事，可避免花粉症來襲。

這些日子的養生之道，首要祛走體內的濕氣熱毒；所以，我家裏必有一瓶可以清熱利濕的薏米粉。每碗湯水、每杯飲品，甚至是一碗飯，我都會放入一大茶匙薏米粉混和吃。由於薏米粉並無味道，是以絕不會破壞食物和飲品的原味。薏米有皮膚守護神之稱，這樣常吃，擔保你越來越滑淨漂亮，連帶惱人的濕疹也可紓緩。

小朋友有濕疹嗎？你有主婦手嗎？蘆薈修護精華素作為外用，而內用的就是薏米粉囉！曾經有讀者來求教，因為她已經年過四十，但每到春天，就長了一臉痘痘，看醫生吃藥令她花了不少錢，且成效不大。我引用中醫術語，這是濕熱引致痰凝血瘀，於是請她每日吃薏米粉。兩年過去了，再沒有翻發。

抗疫同時減肥養生

為了增加抵抗力以應付來勢洶洶的新冠病毒肺炎。除了均衡飲食、適當的運動和休息，我還飲北芪紅棗茶；連飲七天，停飲幾天，然後再連飲七天。就是這樣的重複飲用，我已飲了個多月，效果很好，包括神清氣爽皮膚好，還清減了。

飲時如果能加入一大茶匙純正薏米粉，即會增加減肥功效。因為薏米健脾利尿，補肺清熱。

此三者聯手，對補益五臟六腑更見好處。

備註：北芪紅棗茶做法、份量見第一百零二頁。

【艾粉】

殺菌除濕治憂鬱的草本

《本草從新》說艾能「理氣血、逐寒濕、暖子宮、止諸血、溫中開鬱、調經安胎；治吐衄崩帶、腹痛冷痢、血痢。」其藥理為抗過敏、抗菌、抑制腫瘤、鎮咳，平喘、袪痰等。艾粉是把艾葉焙乾研磨而成，功效一樣。

在新冠病毒肺炎尚未消滅之時，每晚用艾粉加熱水來浸腳，實在是個養生防病的好主意。如果再加點生薑粉，這樣就能加強效果。薑，能袪寒殺菌除病毒，是居家必備的草本。

家中有老有少又注重養生的你，家裏怎能沒有一瓶純正艾粉和生薑粉看門口。

溫足保太平

讀者陳太來信問，為甚麼晚上臨睡前用艾粉、薑粉加熱水浸腳後，人會覺得不再煩悶，同時一覺睡到天光？

首先，我解釋一下為甚麼要浸腳。根據中醫學理論，腳底滙集了許多經脈和穴位，它們都直接與我們的五臟六腑有關。腳部的狀況如何，也反映到健康狀況如何；例如腳底出現冰涼情況，這表示氣血循環不順，中醫說是因為陽氣不足導致血液量供不到腳部之故。要知道，心臟離腳底是最遠的，這類腳底常感冰涼的朋友，是需要每晚以艾粉、薑粉加熱水來浸腳，以幫助促進血液循環，讓身體更健康。尤其在秋冬季節浸腳，身體暖和自然有種安全、舒適、安慰的感覺，這種感覺就是令人情緒穩定下來，安睡到翌晨的「仙丹」，沒有服藥物的後遺症，兼且可以令你頭腦變得清晰不再渾沌。

對女性來說，這種常常腳底冰涼的情況，可能會導致宮寒，出現各種子宮疾病，腳痛、靜脈曲張等更不在話下了。腳猶如一棵樹的根，許多貌似壯健、佇立不倒的大樹，忽然某天整棵倒塌了下來。查看之下，發現根部都是蟲蛀、腐爛、捱不住了。人的腳是我們身體的支柱、基石，一旦出現問題，即表示內臟也出現了問題，所以我們不能不保護它們。另外，鞋子是否適合，也絕對是問題之一。

我常常鼓勵大家養生先養足，永遠要記住這六字口訣，即是「摸按搓溫洗走」。這六個字當中，我覺得最關鍵也最容易做的是「溫」。

所謂「諸病從寒起，寒從足下生」，所以保暖不讓身體着涼好重要。一旦着涼，輕則傷風感冒一兩天了事；但如果照顧不周，隨時會變成肺炎，甚至一命嗚呼。因此，若希望無病無痛安然度過一生，就必須注意保暖，尤其是足部。以前的老人家開口埋口都會說：「寒從足下生，溫足保太平」，要讓自己的人生過得太太平平，就不能不從溫足做起囉！

溫足能養顏

有朋友問：我的皮膚偏乾燥，一到秋冬天氣既冷又乾，皮膚就更加活受罪了，有甚麼法寶可以防治這個問題？

入秋以後，護膚的重要方法之一，是臨睡前用薑粉艾粉加熱水浸腳；因為這個方法可以幫助身體行氣活血，氣血正常的話，皮膚是不會乾燥的，也可以安眠。緊記浸腳後應立即穿上棉襪子以作保暖，兼且防止風寒隨着敞開了的毛孔走進體內，容易着涼而生病。

雙足保溫，令氣血順暢、增強抵抗力及免疫力，這個不花大錢的保健法，值得推廣。

【薑黃粉】

薑黃飯紓緩手腳冰冷

我家長期使用純正薑黃粉，一大包，從專售東南亞食品及香料店買回來的。久不久，我便會用來煲片糖薑黃水當茶飲。為甚麼用片糖？一來是因為它未經精製夠純樸，二來是片糖有解毒養膚的功效。

友人Barry也是薑黃的擁躉，現在一家三口每日早餐的食品之一，就是每人一碗薑黃飯，之後就上班的上班、上學的上學。問才四十出頭的Barry，何以會喜歡薑黃？他說，由於太太永遠手腳冰冷，吃盡不少補品加運動，仍然未能讓氣血正常。後來，他上網查找良方，結果看到薑黃這香料，對手腳冰冷、腦退化、前列腺病等等有療效。

自此，他與太太每日吃薑黃飯，吃了差不多一年，Barry太太的手腳已經變得暖和，不再是「雪女」了。薑黃飯的煮法是，如果是煮三個人份量飯（每人一碗）的話，洗淨米調好水分後，放入半至一茶匙薑黃粉，攪勻，開始煮飯，簡單得很。

Barry的女兒是中學生青少年，說薑黃飯令她精神爽利、記憶力佳。

對鼻竇炎有療效

到Helen（郭倩雯）的家，吃她姐姐親手烹調的私房菜，當中一道是薑黃飯，座上客之一的Gary（連廣生）與太太Lily馬上拍掌讚好。原來，好多年前，Gary曾患鼻竇炎，醫生的處方是類固醇藥物。Gary吃了好一陣，病情已減輕了，但沒有斷尾的迹象，同時有朋友告訴他，類固醇吃多了對身體有壞影響。Gary夫婦慌忙四出尋找天然療方治鼻竇炎，終於有人告訴他們薑黃對此症有療效，於是Gary開始吃薑黃飯。為甚麼要食薑黃飯？因為Gary認為米對人體好，尤其數千年來都以米飯為主糧的中國人，血液裏流着的都是穀米精華，一旦米飯不沾，人就多病痛了，所以選擇了這個一舉兩得的自然療法。

Lily說，如是者恆心地吃了半年薑黃飯，期間看着病情一路減輕，半年後痊癒了，所以對薑黃從此有了感激之情。

❖薑黃的葉子

薑黃木瓜糖水

薑黃又稱為黃薑，有人稱它為寶鼎香，屬薑科，從其根莖磨出來的黃色粉末，是咖喱的主要香料之一。它的作用是行氣活血、通月經（是以孕婦忌食）、疏肝利膽、清心涼血，入脾、肝二經，傳統用來治胸腹疼痛、經痛、膽囊炎，能抑制膽石症，常吃還可以預防腦退化症，提高心臟功能。

在水果店買了一個大木瓜回家，去皮去籽切件。再預備十來片薑黃。用來煲薑黃木瓜糖水。我用的是冰糖。

先不說益處，單是味道已經令你食完一碗又一碗。

木瓜對我們的益處甚多：可以健脾消食，能促進吸收和消化。可以殺蟲抗疫，並有抗癌的作用。木瓜含有大量人體必需的水分，以及人體必需的氨基酸、蛋白質和維他命，能夠有效地補充身體所需的營養，增強對病毒的抵抗力。此外，木瓜中的黴素原來有解毒消腫功效，每日適量地吃一點木瓜可

以清除體內的毒素。有一點請記住，切勿用鉛、鐵一類的器皿來煮、煲木瓜。

所以把木瓜、薑黃併在一起煲糖水，就成了一道美味養顏強體的糖水了。

❖薑黃

我愛米飯

從小到大我都喜歡吃米飯，皆因聽過一位長輩説：「人是鐵飯是鋼」，要吃飽了飯才有氣力。

米飯不會令人發胖。米的營養成分均衡，而且是一種健康食品，它可降低血壓、改善糖尿病，減少心血管疾病和癌症的發生率；只有缺乏常識的人，才會説不吃米飯改吃肉或蔬菜水果來保健及減肥。

由穀、發芽、插秧、結穗、收割至成為米飯，可謂粒粒米飯都得來不易。

「耕種」

Cultivation

天子親耕以勸農

二零零四年聯合國頒定這一年為「國際稻米年」。世界上有一半人口都是以稻米為主要食糧，總產量佔世界糧食作物產量的第三位，低於玉米和小麥。稻為草本類稻屬植物的統稱，一年生，性喜溫濕，成熟時約高一點八米，葉子細長，稻花細小，開花時主要花枝是拱形，在枝頭往下三十至五十公分間都會開花。大部分自花授粉並結子，稱為稻穗。

稻米的耕種與食用歷史非常悠久，在中國已超過三千年歷史，傳說是神農氏教導農民種稻的。在商朝，「稻」這個字是「臼」的字形。到周朝，種稻越見普及，就在「臼」旁加一「禾」字，有稻穗挺立的意思。再後來在「臼」上加了「爪」，形如迎風打稻，用手舂米。經歷了這些演繹，「稻」字正式成形。

中國以農立國。古時，每年正月，天子都會親自到田間耕作，表示對農業的重視。漢，桓寬《鹽鐵論．授時》：「故春親耕以勸農」。而每年秋收的糧米會在天壇明堂供奉上帝。古代，天子親耕、后妃親蠶是君主的重要任務。

到清朝，「親耕」仍是皇帝每年的主要祭禮之一（日本至今仍然保持此一祭典，以示愛民如子。）。

消失了的元朗絲苗米

去了大半天農地，回到家裏，手手腳腳都出現痕癢，一點一點的像蚊叮過的留痕。明明農地沒有蚊，不過小蟲、跳蚤總是有的，尤其是濡濕的瓜菜田泥地，準備插秧的泥水塘。

因為要為新書的內容做資料蒐集，幸好有蔬菜統營處的羅經理（Kenneth）聯絡，帶路且管接管送，才有機會去到打鼓嶺坪輋一帶，拜訪了香港有機果蔬農莊。豪爽的農戶林氏夫婦種菜種瓜種果的同時，也種米，我來就是為了看米。跟我認識的日本稻米種植場很不一樣，這裏的規模很小，有些程序還得人手操作，但種植的人很有心，能讓消失了的香港大米重新出現，已經叫人感動。

五六七十年代，香港人口中的米是元朗絲苗，放在米舖出售的，逐斤計算。十多年前，某些香港有心人放棄市區生活回歸田園復耕稻米。而且，像林氏夫婦的農場一樣年年有收成。雖然產量不多，也不像日本的飽滿香軟；不過，我就是喜歡本地米農這份復耕心意。

看着林先生那瘦黑鋼條一樣的身形，就知道他的務農生活有多辛苦，但他說：「我鍾意呀！」

抛秧

連日滂沱大雨，還有雷。據悉上週五深夜到週六凌晨，我正熟睡時，一共打了萬多個響雷。只差飛霜，不然就以為有冤情了。這一天，又再跟着蔬菜統營處，飛車入打鼓嶺坪輋的香港有機果蔬農莊（與我比較，羅經理開車像飛），看看兩個星期前培育的禾苗可以插秧了沒有？

❖將育苗盤整齊有序放在田裏

❖林先生將已浸水、略發芽的穀放入育苗盤內，再鋪上濕泥。

❖兩星期後長成綠油油的秧

❖辛勤拋秧中

啊呀！才睽違十多天，禾苗已經長有呎來高了，幫工們正忙着在田地裏拋秧。不是插秧是拋秧？對，是拋秧。林老闆的農場只不過三畝田，小規模製作，不必動用機器，只用人手。如果是用傳統的彎腰逐棵插的話，容易扭傷腰骨；雖說是只有三幾畝田，也是挺勞累的，而且頗為浪費時間。

現在用的是拋秧，農夫們站在注滿水的田地，穿上水靴，放一籃禾苗在身邊，然後抓一把，逐棵的向田地裏拋。禾苗着地，自然就發揮本性，讓根抓緊泥土，固定下來，做它作為禾苗應該盡的本份。「插」好了的角落，但見綠油油一片，我們的盤中飧，就是這樣給栽植出來的。

學插秧記

為了新書拍攝封面，也為了切合新書內容，責任編輯 Catherine 和美指 Amelia 選擇到禾田取景。於是在一個風雨過後的早晨，在香港蔬菜統管處羅經理 Kenneth 的引薦下，我們一行六人又開車到打鼓嶺坪輋的香港有機果蔬農莊去。

三個星期前到這裏時，農夫們正在拋秧，一切未成氣候，這次極目所見，禾稻已經有二、三呎高呢，密密的綠油油一片！

生命在天地間成長。在美指的提議下我踢掉鞋子赤足戰戰兢兢地走進泥濘

❖在補禾秧，很難得的體驗

❖林先生正在補秧

❖對農作物有害的福壽螺卵子，但亦代表這片農地沒有農藥。

的稻田裏，農主林先生叫我不要怕，深及小腿的泥沼不會有傳說中的水蛭。

沒有扶手，沒有倚仗，我小心翼翼的放左腳進稻田，跟着放入右腳，兩手伸開幫助平衡，朝着美指特定的位置走去。生怕不小心跌坐到泥沼裏，全身裝備報銷。攝影師細權用三腳架固定攝影機，指揮我行前退後、彎腰插秧，甚或自得其樂的站着。就這樣在水裏浸了半個小時，中午的驕陽格外有火氣，大家仍然身水身汗的為新書封面、為豐富新書的內容而滿農地跑，直到編輯說「夠嘞」才打道回公司！

優質米的條件

穀

已發芽的穀

香港，從歷史得知，明末時期已經存在，是個叢爾小島，那地方不是香港仔而是對面的鴨脷洲。島上居民的生活除了打漁還有務農。據Anthony（林世豪）告知，古時香港「種米」好出名，漁護處最近居然在世界種籽銀行找到已經失傳的四種舊香港米種，包括了元朗絲苗、齊眉、白殼齊眉及花腰仔。多麼美麗的名字，搞不好還以為是茶葉名稱呢！尤其是元朗絲苗，這麼近又那麼遠。

元朗猶在，絲苗卻不見蹤影了。聽說漁護處想用這四種碩果僅存的種籽試驗香港復耕，重新發掘當年的味道。跟上了年紀的長輩提及元朗絲苗，馬上時光倒流，異口同聲說買過食過而且是貴米。一般勞苦大眾只吃米糠或者米碌而已。米碌即是米碎，碾米時的剩餘米，價錢十分便宜，幾毫子一斤而已，卻養大了好幾代香港精英。目前香港也有復耕的小型農地，甚至從日本新潟縣買來越光米種籽種植。正所謂一方水土一方米，氣溫、水源、土地的質素、衛生條件、肥料和政府的配合是否能種出理想的米，相信我們要食優質米仍需外求。不過，偶然我也會買包本地出產且價錢合理的米。

❖本地出產的白米

瀕臨絕種的禾田守護天使

人稱點心陳的香港中華廚藝學院點心導師陳俊雄師傅，見我用禾花雀來做萬韡堂「順風滿帆」越光米的商標，即來短訊說：「是我小時住新界常見的候鳥……以為此鳥是禾稻的害鳥，但隨着知識增長，知道牠是禾田的守護天使，保護牠已經刻不容緩。」

因為注意米，所以開始研究禾花雀與禾田的關係。原來，每年五至七月是這細小、胸腹淺黃色的又名黃胸鵐的禾花雀，就會從寒冷的西伯利亞飛到溫暖的、正值禾稻開花的南方來。這期間，牠們主要的糧食就是禾花的大敵蝗蟲。因此，禾稻才得以避過遭夷平的災難。到了八月中，稻穗金黃飽滿時，就是收成期了；這時，長大了一圈的禾花雀就會以稻穀為食糧補充體力，然後飛返北方苦寒之地。由於食量有限，所以無損禾稻的豐收。

日本農夫為了感謝牠們的守護，都會保留一撮禾稻不收割，讓禾花雀享用以作報答。近年，中國政府呼籲保護禾花雀，因為牠已成瀕臨絕種的雀鳥。理由？中國人深信牠有滋補壯陽的功效，就不斷獵殺烹調食用，萬韡堂的宗旨之一，就是呼籲大家拯救禾花雀。

蝗蟲之為禍

聽廣州的朋友說，縱使政府呼籲大家停止獵殺禾花雀，保護專吃蝗蟲的禾花雀；但許多市民依然愛吃禾花雀，尤其是男士，說能壯陽，每次一吃就是十二隻。一圍十二人，每人十二隻，就是一百四十四隻！數數看，那份量相當驚人。

如蝗蟲懂得「收風」，一定很高興禾花雀被吃掉的消息，沒有了禾花雀，牠們就可以肆無忌憚的把禾花吃個清光。結果就是稻米失修鬧饑荒；可惜大部分要吃米飯維生的人似乎還未知道其嚴重性。

為了響應保護禾花雀，我去年尾推出來自日本的「順風滿帆」越光米，就用了禾花雀為包裝的商標。聽說吉林省有關單位近日發出了緊急通訊，要求全力做好蝗蟲監測和防控。

蝗蟲又叫土螞蚱，其卵子約於五月中下旬至六月上旬孵化，七月中旬成蟲，也是為害農作物的高峰期。牠們日漸長大，遷移能力增強，一大片的飛向農田，然後把大片禾稻吃光。曾經此苦的農民說，蝗蟲成萬上億隻的朝着農田飛來，彷彿一片黑雲，十分恐怖。目前蝗蟲大軍正在中國東北一帶「駐紮」，俟機來犯，想想都驚。

【結穗】

主食、零食、米

「米」字在甲骨文中，本來只是六個直點。上下三點，以代表米粒。後來把中間的點連起來，用來表示那是放米的架子隔板，最終就變成了這個「米」字。《說文解字》對「米」字的解說，「米，穬粟實也，像禾實之形。」

目前世界上最大的米產地是中國，其產量佔全球總產量的百分之三十五。在中國南方如廣東省出產的米叫籼，是水稻的一種，又叫旱稻。一般籼稻米黏性較差，米粒形長而窄；但有另一種短粒形且帶黏性的（其黏性又不及糯米高）稱為粳米。

據說，米成為中國人的主要食糧，始自明朝中葉。中國人愛講意頭，所以，米缸不能空空如也沒有米，而米是富有的象徵，於是米缸外面都貼上或寫上一個「滿」字，以表示米缸常滿豐衣足食。故此，以「有米」來形容人家富有，以「得米」來形容人家謀事成功，旗開得勝。所以以前家中米糧充足的被喻為富有之家。

米與日常生活及風俗息息相關，例如慶祝新一年的來臨，會用糯米製成年糕；為了慶祝端午節，會用米來製成粿子。冬天為了保暖會吃加入各種美味食材的糯米飯，春節期間當然少不了寓意吉祥多姿彩的八寶飯（上海人愛吃甜八寶飯）、其他小吃如湯圓、糍、粿等的材料都不能缺少米。

我愛白米飯

我一直以為絲苗米和香米是兩回事。

後來經吾友 Anthony 李世豪（金源米業）的講解，終於明白兩者並無分別，都是白米的一個統稱。

不過，就我們這些無飯不歡的愛米之人來說，白米大致可分為長米粒、短米粒和糯米。長米粒的米身比較細長、形狀扁平，煮熟之後黏性不高，絲苗米和香米都歸入這一類。

短米粒，如珍珠米、日本米，其米身粗短厚闊，煮成飯口感黏軟。糯米呢？外形跟短米粒相似，但色白不透明，煮熟後比其他短米粒更加黏軟。

一般來説，舊米較軟，新米較香。近年流行的長米粒，相信是茉莉香米吧！它生長於泰國東北地區，帶有天然的茉莉花香氣，故名。

亞洲人都愛吃米飯，這些地區包括中國內地、台灣、日本、香港、新加坡、泰國、韓國、北韓等，一直以來被稱為Chopstick Area。

其實，印度人也愛吃飯，他們出產的米幼而長身，黏性弱，叫做Basmati，質感較乾；在尼泊爾和巴基斯坦也產量豐富。

白米的貯存及防蟲法

報社編輯轉來訊息，有讀者問：在疫境下多購了的白米，在回暖天氣如何貯存為佳？聽說在白米內放入蒜頭可以防穀牛、防發霉，是真的嗎？

對！在白米內放入蒜頭是可以防穀牛、防發霉。但說實話，白米不宜購買太多；不過，既然買了，開袋之後最好放入冰箱。我的則是放入一個日本特製的白米貯存大木盒內，內裏放入幾瓣去了衣的蒜頭。

香港是亞熱帶潮濕地區，大米經過長時間的存放，由於溫度、水分的影響，大米中的澱粉、脂肪和蛋白質等，會出現不同程度的變化，令白米漸漸失去原有的色香味，同時營養成分和品質也會下降；有專家甚至警告，久放的米可能會產生有害物質，例如黃曲霉素等，因此貯存的時間愈長，對白米的品質就愈不利。

白米貯存時，除了放入冰箱和加入幾瓣蒜頭外，用紗布袋裝入一些花椒粒，放在米桶或米袋內也是一個好辦法。我也有朋友在米桶內放一些乾海帶，不過放置十天左右就拿出來曬乾，才可再放回米桶或米盒內，我就覺得比較麻煩，也怕忘記做此功課。

上述的方法，其實也可以防蟲、防霉、防穀牛，而且方法簡單，大家不妨照做。

日本的洗米理論

年前，北海道光鹽廚藝學院的幾位導師，應邀來港與中華廚藝學院作廚藝交流。由於與光鹽廚藝學院稔熟的關係，便乘機邀請兩位壽司師傅到舍下來，為臨時應邀的十多名好友獻藝。

當日，到了下午才有時間到 City'super 購買食材。兩位師傅先買了一袋越光米，接着當然是各式魚生、海膽、魚子、蔬菜，壽司用的米醋、醬料，炒飯用的配菜，湯水用的海鮮貝類等。回到家裏，其中一位師傅着手洗米。洗的時候，第一輪水不多，攪兩攪，倒掉；第二輪水，也攪兩攪，馬上倒掉；然後用手攪米，攪至沙沙作響。

我問原因？師傅說：第一、二輪洗兩洗，是先把雜質、塵埃去掉；然後用手攪米至有聲，是讓米互相之間產生摩擦，像按摩一樣，煮出來的飯特別香軟。按摩一陣後，真正洗米開始，要洗至水不再米白色混濁為佳。

當日，師傅用電飯煲煮飯，放入的米水浸過米面半吋左右即可。

當晚有壽司、有湯、有炒飯和炒雜菜。壽司任食，加上Winkie帶來的純米大吟釀，還有甜品。真是人生幾何？而我從此就跟這個方法來洗米。

補充兩點：洗米後，在夏天大約浸米三十分鐘，冬天須浸一小時，讓米粒吸飽水分；飯煮好後焗十分鐘，讓米粒「熟透心」，然後用飯勺輕輕翻鬆，讓水汽蒸散掉，吃時更加香甜可口。

附上的圖片是拍攝當日用鍋煮飯，粒粒有飯香。

試試蒸飯

我有一位做廚房設計師的朋友 Parko Ng 對我説，最能保存米本身的營養成分的煮飯方法是「蒸」。而且，他説用二十分鐘左右就能「煮」出一砵香噴噴、軟硬隨意、但粒粒晶瑩如珍珠的飯粒。今晚我依着 Parko 教的方法「蒸」飯去。

一、在平底碟上放入兩杯「順風滿帆」越光米，洗淨，蒸米的清水份量是稍稍浸過米面。

二、鍋裏水滾後，放上盛着米的平底碟，明火蒸二十分鐘。

三、不要立即開蓋，讓它焗十分鐘。

四、用飯勺輕輕翻鬆。

如果想飯軟綿一點的，就放多一點水，喜歡食硬飯的，就少放一點水。

米飯，對於我們這些先祖血液裏流着米的營養的亞洲人來說，是最主要的養生美顏食品。常言：「人是鐵飯是鋼」，道盡了米飯對人體的重要性。米的營養價值既完整又均衡，不吃米飯的人最容易頭暈身熱百病叢生。

信不信由你！

米與清酒

一直被朋友問，煮飯用的日本米，是否也是製酒的米？我只好去請教「萬韓堂」的日本食用米供應商。他直截答說，兩種米是不一樣的。製酒用的米比一般食用米缺乏黏性和甜味，且米芯空隙比較大，容易吸收水分。

我們中國人也喜歡米酒，不過用的都是糯米，因為口感比使用一般大米為佳。日本傳統的酒當然是清酒，要釀成品質優良的清酒，有兩個元素不能忽略，一是米質、二是水質。米是穀類的一種，其最大的特點是富含澱粉；而澱粉是酵母發酵時的能量來源，是以原料米的品質是直接影響酒的品質的因素之一。

另一個元素就是水。在日本，生產名酒的地方俱在河川附近，因為釀酒的水多由河川直接引入或抽取地下水。在江戶時代，生產日本美酒的灘五鄉使用的是硬水，當酵母遇上硬水時，其活性較高，酒精發酵速度加快，釀製出來的清酒口感較烈。

到了十九世紀，廣島的三浦仙三郎開發了軟水釀酒法，出產的米酒口感較甘，適合現代人的胃口，於是用軟水釀清酒成了一個趨勢。

二割三分說酒米

我家有瓶一點八公升的獺祭純米大吟釀，是我的前上司 TVEI 集團總經理 Winkie 劉偉傑送來的禮物，一共兩瓶，其中一瓶送來當日已被十多位來賓喝個清光。因為當晚是壽司宴，由兩位路過香港的得獎壽司師傅主持。那天才知道原來日本人和香港人都愛純米大吟釀，說口感細緻，在口腔內散發着花果香。

我那些年輕的日本朋友會買精米步合百分之五十的純米大吟釀，說一來價錢比較便宜，二來米本身的精磨度只是百分之五十，釀製出來的酒，仍留有米糠的味道，令口感有層次感。而這瓶獺祭純米大吟釀的精米步合是百分之二十三，即是這粒米給磨掉百分之七十七，只剩下米心精華而已，即所謂二割三分。同時這粒米心必須保持不脆裂。可見難度相當高，成本自然也高。同是一瓶三百毫升的純米大吟釀，A瓶的精米步合是百分之五十，B瓶的精米步合是百分之二十三，你以為那一瓶最貴呢？當然是B瓶了，成本高嘛。獺祭清酒之所以出名，因為使用酒米是來自兵庫縣的山田錦。此米向有酒米之王的稱號，而產量豐富，佔了全國酒米的三分之一。

〔營養〕

認識米的營養

米糠即是米麩。是碾米過程中被刨去、但它卻是米最有營養價值的部分。把穀殼碾掉，就是米糠或者我們稱為的糙米。它包含了種皮、糊粉層、胚芽和胚乳，而白米（精米）是從糙米再經過碾米而成的。原來碾米可以有不同程度的分別，一般有三分米、五分米和七分米。三分米是碾去了穀殼的一層，種皮仍然留着，顏色是茶褐色；五分米則是幾乎把茶褐色這一層碾掉，只留下糊粉層、胚芽和胚乳；至於七分米則是連糊粉層也幾乎碾掉，只剩下胚芽和胚乳。那麼，如果連胚芽都碾去的話，就只剩下胚乳，就是我們日常最愛及食用的精米了。

穀殼

每一層的去掉就等於每一層營養的流失。米糠原本保有的營養素包括了熱量、蛋白質、脂肪、碳水化合物、水分、含灰成分、礦物質和維他命（B_1、B_2、B_3）。精米（胚乳）剩下的營養有百分之七十是碳水化合物（當中蛋白質約佔百分之六），而其他的鈣質、鐵質、纖維素幾乎盪然無存。

在貧困的年代（如香港的五、六十年代），許多人都會購買便宜的米碌作日常米糧，餸菜則以青菜、菜脯、鹹蛋、欖角、腐乳而已，但個個健康成長。

註：米碌，是在碾米過程中被碾得太碎的米。

從穀碾到白米的過程

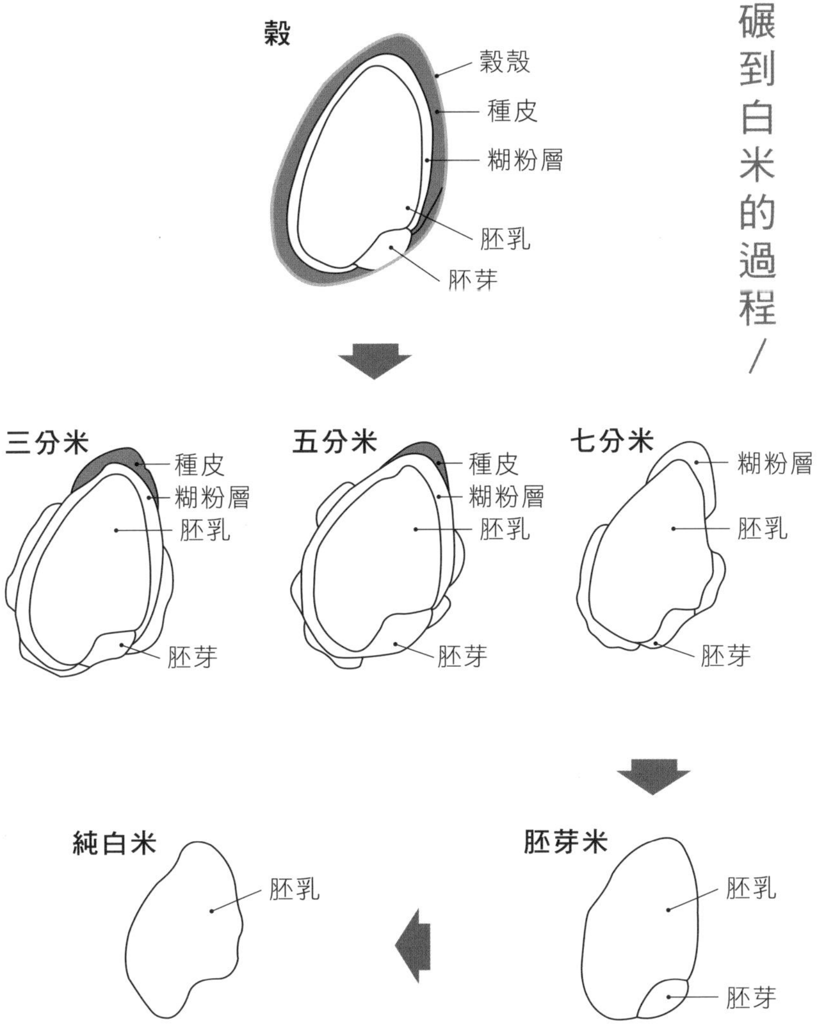
穀
穀殼
種皮
糊粉層
胚乳
胚芽
三分米
種皮
糊粉層
胚乳
胚芽
五分米
種皮
糊粉層
胚乳
胚芽
七分米
糊粉層
胚乳
胚芽
胚芽米
胚乳
胚芽
純白米
胚乳

精米與腳氣病

日本的江戶時代（一六零三至一八六七年）是一個和平、統一、富庶的年代，農具先進，穀麥豐收。江戶（東京）縱使有足夠的米糧，但德川幕府依然要其他藩侯每年進貢大米以示友情和忠貞。那個年代日本人都篤信佛教，故少吃肉，只在重大的節日時飯桌上才有肉食，但以白肉如雞肉為主。所以米是當時日本人的三餐食糧。餸菜方面則為一碗麵豉湯和一小碟漬物，故有一汁（湯）一菜（漬物）之稱。

江戶既有自產米又有貢米，正是有米又得米，因而對米就有要求。首先就是把穀皮都要輾乾淨而成白米亦即精米。價格自然升高，但城市人收入豐裕，貴幾倍的白米也負擔得起，這時餐餐吃白米飯就成了身份的象徵。但精米的壞處是缺乏維他命 B_1，他們又沒有其他補充劑，於是長期吃精米的人許多都患上了腳氣病。其病徵是體重下降、精神疲倦、體虛、間歇性心律不正。從江戶時代腳氣病患者的圖畫見到，有人因此而鋸掉雙腿，不得不坐在小木板輪椅上活動。

煮飯的米

人是很奇怪的動物。一旦發了財就會變得身嬌肉貴起來，忘記了從前如何由艱苦的日子撐過來。最明顯如上文般捨糙米而揀精米，忘記了均衡飲食對健康的重要性。我是個對食米來源有要求的人，其來源即是土地、種植的泥土、水源，是否乾淨無污染，十分重要；稻米的成長期比其他如瓜菜一類的農作物要長，所以米與泥土的關係很密切。不潔的泥土孕育出外表晶瑩，但內裏含毒的白米，長期食用這些問題米，會導致皮膚癌、腎癌和前列腺癌，所以，慎選白米也是養生之道。

此外，以為餐餐選吃精米以示富貴和識食也是無知得很。但如果你非要吃食精米不可，那麼就得從其他食品吸收足夠的維他命B_1，以防止患上腳氣病；否則你煮飯時最好是精米加紅米（米糠），比例是二比一。因為把穀打成米的第一層就是米糠，再打第二次才是精米。而米糠富含維他命B_1，由於口感沒有精米煮成飯的軟香，所以煮之前最好浸泡至少四個小時，才混入精米一齊煮，煮出來的飯有「煙韌」的口感，蠻不錯！

「吃出健康與美麗」

Well-Being

人是鐵飯是鋼

從小到大都喜歡吃米飯，皆因聽過一位長輩說：「人是鐵飯是鋼」，要吃飽了飯才有力氣。

米飯不會令人發胖，它的營養成分均衡，使人發胖的是那些豐膩的餸菜，以及加進餸菜裏那些有害健康的調味品。

米是一種健康食品，它可降低血壓、改善糖尿病，減少心血管疾病和癌症的發生率；只有缺乏常識的人，才會說不吃米飯改吃肉或蔬菜水果來保健及減肥。

我的確見過那些不吃飯幾個月，來讓自己瘦了幾個圈的男女。但後果是面色蠟黃、烏氣滿面、雙目無神、頭髮乾旱且嚴重脫落、記憶力衰退、便秘、憂鬱、說話有氣無力、百病叢生等等。試看看你身邊那些不沾米飯的同事、朋友，甚或你自己，驗證一下我有否誇大其辭。

我們中國人，世世代代都以米飯來維持健康及壽命，血液裏已經含有米的因子。當我們在母體時，賴以健康成長直至出生，都是吸收母親那含有白米因子的營養素；即是說，我們未出娘胎已經靠白米維生，改也改不了。

米水拯救暗啞皮膚

為了完成一件工作，兩天不眠不休是平常事。期間之所以沒有勞累的感覺，是因為興奮蓋過了一切。直至腦筋開始不靈光，不似平時的反應靈活、聲音開始沙啞甚至失聲，你就知道體力已經透支了，必須立即休息，來個倒頭大睡。

試過睡醒後，站在鏡前一照，天，臉色烏黃，這一驚真是非同小可。馬上雙手捂面，搓面做按摩讓血液順暢外，我會用第一輪洗米水敷面。方法很簡單，用化粧棉沾滿米水敷在面上、額上，待十分鐘左右就可以了。

移除化粧棉後，我會讓米水繼續留在面上，並且會多加一點；這時，你會發現米水會黏在面上。一兩個小時後，我才用清水把面洗淨，抹上一點椿花油。再往鏡子一看，好面色好皮膚回來了。

這是民間代代相傳的天然護膚養膚的秘訣之一。米的主要營養成分，澱粉質佔了百分之七十五、蛋白質約佔百分之七、脂肪約佔百分之二。此外，還富含纖維素、礦物質和維他命B_1、B_2群，且不含膽固醇；而澱粉質是人體熱量的主要來源。

別隨便用米水面膜

跟朋友討論有關洗米水洗面敷面的好處。但我強調一定要用靠得住的土地栽種出來的米才有效。怕就怕有太多的化學肥，最要命的還是土壤裏是否含有水銀。

長期食用這些米已經會傷害我們的身體，要是還用來洗面敷面就真的太恐怖了。所以必須嚴選米源的衛生環境，農地所處之區域是否有工業發展等都是必須正視的。搞不好，農夫用來灌溉農田的水不小心沾混了工廠排出來的污水的話，那管種出來的稻米外表是如何漂亮飽滿，也是毒米。水銀進入了我們的身體，可不是鬧着玩的。

據說有百分之八十的柏金遜症和認知障礙症皆與水銀中毒有關。因為水銀在人體內產生的惡果之一就是令神經線萎縮。

市面上售賣的米水面膜，誰能保證老闆用的是正常米？

白米與舍利

那一年，我人云亦云地學人家不吃米飯，以為可以從此減肥強身時，卻遇上應酬多，因為愛吃，還是與朋友一起走進銀座松尾百貨店頂樓一家壽司店晚飯。吃喝過三巡，壽司師傅向我們點頭問了句（當然用日語）：「舍利好吃嗎？」

舍利？我摸不着頭腦，馬上看看自己的碟子。此時，旁邊的日本朋友連忙微微躬身答道：「很好吃。謝謝！」之後轉過身來向我解釋。原來師傅口中的舍利確是舍利子（佛骨）的舍利，傳統上，日本人稱米（米飯）為舍利，因為一顆白米的形象就像令人恭敬、膜拜的舍利子，從中也可見日本人對米的珍惜和感謝。可不是，它是我們的日用糧呀！我們的成長、我們的氣力、我們的智慧、我們的俊美，全來自代代相傳吃進肚裏的白米。

日出而作、日入而息，指的是農民的辛勞。即使沒有餸、沒有湯，單是一碗白米飯，也可令人吃得津津有味。但有餸菜而無白米飯，這頓飯就不算完整了。我們的血液流着的，都是白米飯的營養精華。日本人稱米為舍利，也直接間接地提醒吃飯的人，每一餐都當思來處不易。誰說幸福是必然的？

周美鳳的養胃粥

周美鳳告訴我，一個星期約有五天她的早餐總包括一道美味養胃的美顏粥。她說由於自己是個急性子，同時是個母親、妻子兼公司老闆，於是為了在短時間內同時兼顧妥當上述角色的工作，就會變得更加急躁。日積月累，結果美鳳患上了輕微胃炎。她的中醫就教她每天早上至少吃一碗養胃粥。

現在的美鳳已經知道放慢步伐對健康的重要性。現在胃炎沒有了，人也亮麗起來。不過，說話時仍然中氣十足，一副強人本色。

材料：一撮白米、一撮小米、一撮糯米（此米能暖胃）、蓮子、少許新鮮淮山。當粥煮熟後不妨加入少許杞子再煮五分鐘（明目養肝），再放點美肌食鹽調味，擔保食完一碗後再「安哥」。

註：小米至少要浸泡四個小時，所以必須隔晚浸泡。

防病護養良方

用涼海鹽水漱口能減少病毒入侵的機會？

氈酒浸葡萄乾能治腰痠背痛？

新鮮白欖、南北杏加四個大柑餅能潤肺？

這些天然無添加的防病養生良方，要放在你的安家百寶櫃內，以備不時之需。

長命指南

朋友聚會大談生與死。以前是個忌諱，現在是口沒遮攔。其實有甚麼所謂呢？人一呱呱墜地不就是朝死亡進發了嗎？只是遲與早的問題而已。我們討論的並不是令人長壽的生活方式，正好相反是提醒大家不可干犯的、妨礙長壽的一些生活方式。

一、不吃早餐。一日之計在於晨，要養精蓄鋭，那能空着肚子去「打仗」？

二、極度缺乏運動。運動就如保持機件操作正常，不會輕易生鏽。

三、有病不求醫。尤其是年輕人，總以為自己百毒不侵。

四、與家人缺乏交流。原來也會令人短命。

五、長時間在空調中生活。還要日夜顛倒地工作。

六、睡眠不足，且睡眠質素不佳。例如睡不着、一晚起床數次。

七、面對電腦時間過長，除了輻射作用外，還會引致眼疾、腰頸椎病等。

八、三餐無定時。

對抗病毒的日子

在新冠病毒肺炎的無聲肆虐時，大家都嚴陣以待，生活腳步也慢下來了，不再盲目地匆忙、不再歇斯底里地教學生、管孩子、處理公司的事務。

步伐明顯慢下來了，因為差不多所有應酬都取消，酒樓食肆商場都宣佈暫停營業，許多工廠仍未能開工。抗毒專家們呼籲大家減少相見，可以的話，多留在家裏，home office 成了我們今日的特色。在一片無可奈何的氣氛中，大家都多了時間，都在努力適應有時間都不能外遊、不能見朋友、不能逛公司、不能與同事面對面坐在一起開會的舊日時光。此外，還得面對搶口罩、搶漂白水、搶廁紙這些無聊又無尊嚴的境況。

最好的應付方法，是讓自己冷靜下來。在家裏的時間多了，就重拾家務重新擺設一下十年無變的家居，整理一下凌亂的衣櫃，創作幾個潤肺湯水，學習幾個家常小菜，重整家裏的衛生環境；時間多了，是應該照顧自己健康的好時光。困在家裏，除了吸塵、洗廁所、抹拭家具外，別忘了做拉筋運動，縱使是十至十五分鐘也很管用。然後，抽點時間小睡一會，讓自己精神爽利。

護肺防秋燥名物

從小到大都知道，秋天是護肺的季節。秋燥秋燥，不能掉以輕心；因為肺最易被燥所傷，於是在飲食方面都要格外留神。一直以為多飲雪梨水這類飲品就可以，最近才曉得這個時節最該吃山藥，因為山藥能補肺。

日本人愛吃未經煮熟的山藥，認為山藥經煮過後，會失去一部分營養。日本人把山藥磨成泥狀，放點醋，即一口吞食；在秋天的食譜中，多有這一道餐前食物，放在一個小小的碗子裏，雪白的、黏黏稠稠的，許多人都不曉得那是甚麼。

山藥又名淮山，因為是在中國東部淮河一帶發現的，故名之。目前香港人也流行吃新鮮山藥，一來受日本食品文化的影響，二來少吃片裝乾山藥。原因是許多藥材商人為了讓山藥保存期增長，都會用硫磺來煙燻。講究食得健康的現代人，尤其是中產家庭，都會避之則吉。山藥富含澱粉質和蛋白質、維他命B群、維他命C、粗蛋白氨基酸、消化酵素等，不僅滋陰補肺，還有美容效果。

新冠肺炎與氣胸

聽過「氣胸」這種症狀沒有？對了，即是「爆肺」。因為這新冠病毒肺炎，外地就有人因運動而出現「爆肺」。專家提醒我們，有二類人容易在運動時出現「爆肺」的，一是患有慢性疾病的長者；二是身材瘦長的男士。

由於疫情肆虐，許多人為了增加抵抗力，連帶平時不愛運動的都為了保命而參與各種運動了。外地一名二十多歲身材高瘦、平日不去運動的男子，為了抗疫，晚晚戴着口罩去跑步。某個晚上正如常跑步中，忽然感到胸口隱隱作痛、呼吸困難，他以為因為戴了口罩所致，不以為意。回到家裏，沖涼之後，胸口的隱痛變得嚴重，呼吸愈見困難。他的家人馬上召救護車把他送到醫院急症室去。經檢驗後，醫生診斷為自發性氣胸，立即為他做手術，男子病況得以轉危為安。醫生說若運動時出現以下症狀，就可能是氣胸（爆肺）的預告：一、劇烈咳嗽；二、胸口疼痛；三、呼吸困難。必須立即延醫診治。

並告誡戴着口罩跑步的人士：戴了口罩，會令通氣阻力增加，通氣量下降，容易令人呼吸不順暢。此外，由於氧氣量攝入不足，必然加重心肺負擔，造成損傷，甚至猝死。所以，戴着口罩就不要做劇烈運動，改為行路或在家裏拉筋一樣可以抗疫。

浸大中醫院流感防治方

新冠病毒肺炎疫情告急時，傳聞這病毒可以在空氣中傳染，不小心吸入了某個街角浮游着這種病毒的空氣，假如抵抗力不足，倒楣嘞！所以，彼此相勸，這個時期最好最好不要外走、不要聚會，大家不要見面……能夠留在家裏工作的，就不要返回公司……就是怕人傳人、怕空氣不夠潔淨云云。

於是，大家的話題不再是去哪裏度週末、去哪裏購物，而是該飲甚麼湯水來增加抵抗力。日前收到浸會大學中醫學院寄給我的「流感防治方」，不妨在這裏與大家分享。信裏申明配方原則是，益氣扶正、解毒化濕，以保護易感人群。

黨參
連翹
薄荷
雞內金
西洋參
桑白皮
板藍根
佩蘭
茯苓
荊芥
甘草
金銀花

材料如下：黨參二十克、連翹十克、薄荷五克（後下）、茯苓二十克、西洋參二十克、雞內金五克、桑白皮十克、板藍根十克、金銀花十克、荊芥五克、佩蘭八克、甘草六克。

用法用量，先配三劑，每日服半劑，共服六日為一療程。六日後如有需要，可以再多配三劑，服用方法跟前面一樣。

不過有一點要注意，凡患有蠶豆症者不宜服用。此外，脾胃虛弱易於腹瀉者，需減半量服用。每劑六十港元，並可代煎。

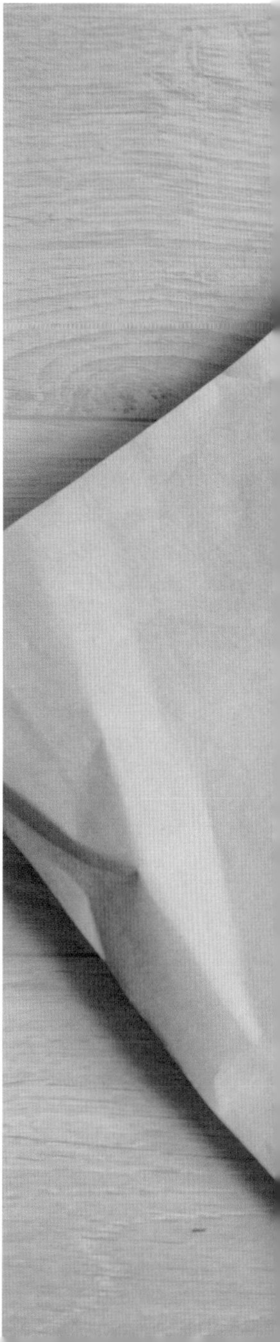

防疫飲食備忘錄

原來，要防治這個新冠病毒肺炎，多喝白開水也是要素之一。不過，醫生説，每次的喝水量不必多，喝半杯或幾口已經可以。但必須分多次喝，目的是保持身體內水分平衡。

酒也可以喝，例如日本清酒或中國米酒之類，目的是加速血液循環。因為血液循環好，對自身免疫力功能的增強也十分重要。紅酒也可以喝，因為紅酒裏含有紅酒多酚，對消炎很有效。

朋友又叫我告訴大家，為了有備無患，蒜頭、生薑（粉）最好天天能吃一點，因為它們都有抗病毒作用。如果每日能喝進一、兩茶匙「蒜頭浸米醋」的話就頂呱呱了，此品可以現成買，或自己浸，但記住要浸四十多天才可以開始飲，它也是殺菌抗病毒的好幫手，由於有抗氧化作用，同時亦為護膚護髮佳品。

另外，別忘記多吃富含維他命C的水果。維他命C是一種能阻擋病毒複製的維他命，可以穩定血管壁，減少肺部炎症的形成。最後最緊要開胃，不能有食慾不振的情況出現。説到底，就是要令自己強健起來。

備註：「蒜頭浸米醋」的做法，見我的著作《李韓玲100個私藏亮麗秘方》。

❖含豐富維他命C的水果

潤肺與戴口罩

一位中醫朋友說肺不能燥，一定要潤，特別在這段新冠病毒肺炎肆虐的嚴峻時期。乾咳是肺燥的徵兆，是以潤肺滑肺是我們目前必須進行的飲食日常。

日前黃昏，我的鄰居Karen（梁太太）專程送我一包已經調校好份量的清肺特飲材料，裏面有差不多半斤大大粒的新鮮白欖、南北杏和四個大柑餅，囑咐我煮茶水給全家飲用（這才叫睦鄰，笑一笑）。我二話沒說當晚就煲，注入十五碗水進煲湯鍋內，放入所有材料，中火煲，最主要是把白欖的味道熬出來。幸好遇上用白糖醃製的柑餅，二者相遇，調和了白欖的苦澀味，加上南北杏，未嘗飲用已覺清潤。

柑餅是潮州特產，好柑才有好柑餅，潮州柑遠近馳名，自明朝開始已是良種柑。

❖凍水下材料，用中火煲至出味

肺好皮膚自然也好，目前人人戴口罩，尤其是上班，一戴就差不多八個小時，再加上往返路程，一天戴十個小時口罩者舉目皆是。口罩親密地接觸我們的皮膚，皮膚容易引致敏感，也容易磨損；所以我提議大家戴口罩前，應該抹上有保護皮膚功能的椿花油，每半小時到無人的地方，除下口罩休息五分鐘。另外，要多飲清潤湯水作滋補。

滋養你的肺

一位現職老師來信問我許多年前介紹過的一劑老師益補茶，可否再寫一次。因為他把剪報遺失了。

此益補茶材料如下（二人份量）：南棗八粒（切片）、桂圓五粒、茯神兩片、黨參少許、熟棗仁少許、杞子少許、麥冬少許。

煮法：把材料放入煲內，加入八杯清水，大火煲滾後轉中火煲五分鐘，熄火。倒入保溫壺內，焗三十分鐘即可飲用。

我們常說多事之秋。秋天於身體而言，也是容易產生各種毛病的。這劑茶不但對天天用聲至影響肺部的老師有益，對我們都有益呀！秋天主養肺嘛！

茯神
南棗
杞子
熟棗仁
麥冬
黨參
桂圓

保安康茶水：北芪紅棗茶

路過中草藥店，為家裏快將用完的北芪補貨。不同價格的北芪分別裝在三個玻璃瓶內。我問原因，老闆說是粗幼問題，功能一樣。我買了三十八塊錢一兩的，屬最貴的一類。

這一陣了，為保全家上下身體健康增強免疫力，我天天用五支北芪加入紅棗六、七粒放入四飯碗清水。大火煮開後轉中小火煲十分鐘。熄火，焗十分鐘，當茶飲用。七日為一療程。一星期後再來一個療程……如此這般飲用。再加適量的運動、曬太陽、均衡飲食、保持開朗積極心境，感覺非常良好。而且也減了肥！

北芪好處是補氣，促進血清和肝臟蛋白質代謝、延緩人體細胞的衰老過程。有降壓作用，能減少病毒的致病性。同時有利尿、抑菌和止汗能力。所以是一劑最合這個非常時期飲用的茶水之一。萬里機構的尹惠玲則提議加入杞子和桂圓，為體質虛寒、手腳冰冷人士加把勁。

也是化療後的益補茶水

跟內地好朋友B通電話互相問好，同時確實大家無恙。聽到B說話的聲音仍然一貫的中氣十足，我就笑說：「我媽說，講話響亮、中氣十足的人好長命。」電話那邊靜了良久，然後B問道：「你知道我現在身在何處嗎？」……「我在醫院正接受第三次化療啊！」我還未答上話來，她已經大大聲叫我不用擔心。

我以為如此重病應會氣若游絲，同時哭喪着臉。B說，她熟悉的一位老中醫，教她做完化療後，就每日飲杯北芪紅棗水，可以補氣，再加上樂觀態度，必能戰勝病魔。她從第一次化療後便開始飲，感覺不錯。

簡易防治疫症法

向來非常重視天然養生、擁有自己菜園的陸秀霞醫生大清早傳來訊息，說一位留美的醫學教授也贊同在此疫症橫行期間，飲薑水是一個好方法。

陸醫生最愛薑黃，是以許多年前她已經種植薑黃，一俟收成就送給會識寶的同事親友。對於目前的疫症治療方法，她轉述那位醫學教授提出的方法，一旦發現疑似「中招」但情況輕微，全家必須經常用涼海鹽水（最好選用已把雜質清除的海水美肌食鹽）漱口。不可以用熱海鹽水來漱口嗎？不可以。因為涼水可以讓咽部黏膜下的血管收縮，減少病毒進入血管的機會。

為何使用海鹽水？因為它可以固定病毒表面的S蛋白，令它不易附在黏膜上。理由是冠狀病毒只有先跟黏膜上的特定蛋白結合，才可以進入人體細胞，然後大量複製。明白嗎？說到底，就算無病無痛，平日，為了養生，為了保護口腔衛生，避免產生牙周病，都應每天除了正常的早晚刷牙，也該用美肌食鹽涼水漱口，最好是晚上臨睡前做。

戴口罩引致口臭

原來終日戴口罩的後果，除了皮膚敏感、痕癢、生粒粒之外，還有口臭。這是許多人的經驗。一旦除下口罩的話，坐在旁邊的人就活受罪了……

一陣難聞的口氣飄過來，真不曉得該如何反應。有預先消除口氣或口臭的方法嗎？當然有。就是每次早、晚刷牙時在牙膏上加點美肌食鹽即是幼海鹽，中午吃飯後單用幼海鹽來刷牙。

因為，海鹽有防腐消炎清潔的功效。古時有條明目堅齒方叫做「目視千里清」，勸人每日用適量海鹽刷牙漱口，再用海鹽水洗眼。然後閉目坐着良久，再洗面。天天如是。堅持經常用幼海鹽刷牙，用淡海鹽水嗽口，不但可以保持口氣清新還可以防止齲齒的發生。

為甚麼要用幼海鹽呢？因為刷牙時不會磨損牙齒的琺瑯質表層。

❖扁豆和赤小豆是祛濕湯的靈魂；扁豆能健脾、益氣、化濕、消暑；赤小豆則有清熱利水、除濕、散血消腫等功效。

祛濕湯

春天，百花齊放，大自然生機處處。位處亞熱帶的香港多了一個特色，就是濕。回南天，屋子的牆會滴水，連帶我們五臟六腑都出現濕氣重問題。影響所及，人除了容易疲倦又會失眠之外，也會小便赤短大便稀溏、四肢無力、口苦口乾口臭、胃易脹而食慾不振。加上此時此刻疫情未緩和，有增加抵抗力的必要。這時候該飲湯水祛濕清熱強體了。

我為家人為自己煲了一道非常美味的祛濕湯。是煤氣公司養生專家 Martin 教我的，湯名是：佛掌瓜排骨扁豆湯。

材料：佛掌瓜、排骨、赤小豆、扁豆、淮山、靚陳皮、薏米，我加入了玉竹、乾貝、葛根、無花果和栗子。材料份量因應飲用人數多少而衡量，祝大家身體健康。

快速祛濕的食材

記得小時候家裏每逢春夏都會煮祛濕粥給我們吃。材料依稀有生熟薏米、燈芯草、木棉花、赤小豆等，材料洗淨後加入適量白米煮至白米開花成軟綿的粥水，再加入片糖煮十分鐘。因為我母親喜歡吃甜，同時認為片糖有解毒的功能。

祛濕似乎以女士為主，認為女士體質多偏濕。濕重則肥胖，是虛肥。所以説一旦祛濕人就肌肉結實了，變瘦了。中醫説體質虛寒的人容易積存濕氣。虛寒人多手腳冰冷、尿頻、常腹瀉、月經來有血塊。招惹虛寒的原因乃因為飲食不規律，不知節制，愛吃油炸及生冷食品。須知道油炸食品不易消化，會引發濕邪。現代人生活繁忙，如果要經常煮祛濕粥，聽着也覺麻煩。我建議每日早餐後喝一杯生薑粉蜂蜜茶，或者飲湯食粥或者吃飯時放入一大匙薏米粉，調勻。薏米粉無味，故不會破壞飲品及飯的原味。

赤小豆
木棉花
生薏米
熟薏米
燈芯草

忍尿忍出百病

許多人，因為工作的關係，常常有忍尿的情況，例如正在採訪中的記者、正在開車的司機；都會因為一時不能停一停、解一解手而忍呀忍。我都有這個經驗，忍到肚痛，好辛苦。

小時候常聽長輩說，不把尿排出體外是會中尿毒的；所以，一旦遇上要在某些不方便的環境工作超過兩小時以上的，我就預先不飲水，甚至在那個不方便的環境中也不會飲水，免得麻煩。

身體正常的新陳代謝，每日順暢的大小便是必須的。專家說，每天應有至少一次大便，最好是早一次、晚一次，把體內堆積的垃圾清除；所以，飲熱開水和適量的運動好重要。每天小便一般是四次，也有因為天氣轉涼，令身體受涼感冒而小便量增加，肚瀉或大便不成形。

另外，酒精也是促使小便次數增多的原因之一。長期忍尿是導致中尿毒的原因，此舉對腎臟、膀胱和心臟都有損害。那是因為積聚體內的尿素，令血液變得混濁不清潔，後果可想而知。

經常頭痛苦不堪言

記得我在學校當老師的年代，有一位常常鬧頭痛的同事，二十歲出頭，來自師範學院，負責中一中二班的美術科，算是靚女，但人很緊張，動不動大哭。有同事問她是不是偏頭痛？她回答：已問過醫生，醫生斷症過後說她不過是情緒影響血液循環，勸她去學習一些保持身心平穩平靜的運動。

後來，我轉行離校，再沒有她的消息。記憶中，她經常吃止痛藥，下課後走進教員室往往是一副很勞氣的樣子，然後就說頭痛，甫坐下就手握一杯水，吞止痛藥去。好快，她成個人彷彿舒服晒。一日，她對我說胃很痛，那是常吃止痛藥的結果，說是醫生告訴她云云。

那時候，我對養生這些常識，特別是治頭痛，沒有甚麼主意，所以幫不上忙。今天，我可以告訴你，如果遇上經常頭痛的情況，你不妨馬上吃根熟香蕉，再飲一杯水，情況很快就有改善；又或者自己用手指按壓印堂以及下面穴位，包括：攢竹穴、迎香穴、天柱穴、率谷穴，每處十次左右，讓氣血漸漸回復正常。再不，可以飲杯加了少許蜂蜜的熱薑粉茶。

Automne

神奇組合特飲

有一種自製的美味食品，能夠防治不正常的心跳、降血壓、防止心血管硬化，而且可以紓緩緊張情緒，幫助你快速進入夢鄉。但記得飲時要加入適量蜂蜜，不過孕婦就不宜飲用。這杯美味飲品就是檸檬薄荷蜂蜜茶。

做法是將一個鮮檸檬切薄片，鮮薄荷葉十片，放入瓦罉內，加入三大杯清水。大火煮開後轉小火煮十五分鐘，熄火，焗十分鐘。倒入杯中，待飲品不太熱時放入兩茶匙蜂蜜，搞勻即可慢慢享用。

薄荷葉能疏風散熱解毒。對於頭痛、目赤、牙痛、瘡疥、感冒、喉嚨腫痛有療效。檸檬有殺菌的作用，並能降低血脂，可防治泌尿系統結石。此外能生津止渴、化痰健胃、止痛行氣等。

蒸來吃的百合

原來，百合可以用蒸的方法來烹調。吾友翠華說，她和家人都愛蘭州出產的百合，她媽媽每年入秋為了養肺，會吃清蒸百合，既飲湯又吃渣。所用的是乾品百合，想吃的時候就隨手抓一撮乾百合（兩人份量），用清水沖乾淨後，放飯碗中再加入冷開水（剛好蓋過百合便夠），以中火隔水蒸半小時即可食用，潤肺養顏。

百合尤其是鮮品，為甚麼會養顏呢？因為鮮百合富含黏液質，以及多種維他命，有利於皮膚細胞的新陳代謝，故自古以來都被視為女性恩物。加上，百合性柔滑，對有便秘人士，有通腸功效。女性多有情緒病，容易抑鬱，故失眠多夢、神思恍惚等是常有的事。百合入心經，微寒，常吃可清心解悶，寧心安神，晚上易於入睡，不再噩夢連連。對於肺虛久咳痰中帶血或者是肺燥咳嗽者，百合都能幫上忙。

不過，我要提醒大家，百合雖可補氣，但亦傷肺氣，故不宜天天食用。如果是風寒咳嗽、虛寒出血、脾胃不佳者，最好不要服食。所以進補、養生，都要有良好的體質，而良好的體質則由各方面的配合培養而得。

蘭州百合

忽然想起吾友鄒氏姊妹Linda和Nico常常推薦的蘭州百合。因為那是國產唯一的甜百合。請教Linda，她對我說：蘭州百合甲天下呀！

願聞其詳。

Linda氣定神閒答道，最優質的蘭州百合，栽種於海拔平均二千四百米以上的斜坡黃沙土梯田，理由是人煙稀疏無污染。入冬前的十至十一月就會有甲天下美譽的蘭州百合採收期，可以趁新鮮吃，也可以烘乾後吃；這裏採用的是無硫磺加工，因為加硫磺後會破壞藥性有損健康，方法是烘焙、攤涼，再重複烘焙、攤涼達四至五次，把水分蒸發後，五斤的鮮百合成了一斤的乾百合。

此品入肺經，對呼吸系統、咳嗽、鼻敏感有良效。我們都知道肺主皮膚，肺好則皮膚好，是以對天然美顏有幫助，亦有助寧心安神，提高睡眠質素。

減肥開胃美顏茶

「我好開胃，因為我食咗山楂麥芽。」哈哈哈。山楂不但可以消滯開胃，還可以減肥。

讓我們一起來試試這個方法。

材料：山楂五克、洛神花二朵、菊花三朵、普洱茶茶葉一茶匙、冰糖二茶匙。

方法：把山楂、洛神花、茶葉快速洗淨，瀝乾；放入保溫壺內，倒入滾水，加入冰糖。蓋好保溫壺。一小時後，再加入菊花，焗十五分鐘，即可飲用這杯氣味清香的減肥茶。

普洱茶葉和山楂均有消滯促進消化的效果。而洛神花則有清熱解渴、降火、降血壓、利尿、活血補血的功效。為甚麼要加入一點冰糖？因為可以緩和山楂及洛神花的酸味，讓味道更好。

把上述消滯、利尿、清熱、降血壓的材料混在一起飲用，想肥都幾難。

別隨便使用類固醇

一位本來長期暗瘡不斷的讀者，聽朋友推薦用了我的「紅參綠豆粉」開水調成糊狀，作面膜用。敷了一個月，暗瘡不再來，當然開心到寫信來多謝我。日前，她又出現了另一個問題，是面部常有泛紅現象。她問我原因？

理由好簡單，因為她轉用紅參綠豆粉來褪暗瘡前，用了許多含有化學劑的皮膚藥膏來醫暗瘡，由於長期使用這些一般都含有類固醇的藥膏，皮膚有此反應是正常的事，但卻又是可怕的事。雖然已經停用這些藥膏，但皮膚仍殘留這些化學品呀！玫瑰斑即是酒糟性皮膚炎，其表徵除了皮膚泛紅之外，鼻的兩邊毛孔粗大且有黑頭。

要拯救這些皮膚，最好是用清水輔以小毛巾來洗面，不用任何洗面奶或肥皂，改用美肌食鹽少許，在濡濕的臉上洗抹一遍，並在毛孔大的部分作磨砂用。一星期後，就會看到皮膚出現更大的改善了。

吃番薯的最佳時間

人稱Bica Wong的時裝店老闆黃太傳來訊息：「Ling，多謝你送的番薯，好好食。甜、軟，有番薯味。」那是鄰居林先生送來用印尼火山灰種植的番薯，整整一箱，有六、七十個吧，黃心的。火山灰是營養豐富的天然肥料，火山噴發出的岩石碎片如輝石、角閃石和長石，依次含有豐富的鐵、鎂和鉀，故土質是相當肥沃的。

番薯含有大量的膳食纖維，能促進胃腸蠕動，幫助消化；同時富含維他命C、E等，對都市人經常發生的便秘、糖尿病、膽固醇過高、消化不良等都有相當的療用。

吃番薯的時間最好是中午。因為體內需要四至五個小時來吸收，而下午的陽光照射正正可以幫助鈣的吸收。如果晚上吃，郁動少，而番薯糖分多，身體消耗不了，容易有胃脯。也不要吃生番薯，內裹的澱粉質未經煮熟，不容易消化，隨時會放屁。

氈酒浸葡萄乾

記得十多年前，我曾教過大家用氈酒（Gin）浸葡萄乾治腰痠背痛，有讀者食過之後，連膝頭痛都消失了呢！

材料及做法很簡單，白葡萄乾份量隨意，鋪放在一隻平底碟上，然後倒入氈酒浸過葡萄乾面就可以了，不用太多。放在陰涼地方，直至氈酒給葡萄乾吸盡為止，然後放入瓶子內儲存，每天吃十顆，過不了幾天，腰痠背痛就消失了。

原來，用葡萄乾煲水飲也一樣對身體有很多好處。材料是一撮葡萄乾、兩大杯清水。做法是把兩者混合煮滾後，轉慢火煮二十分鐘，熄火，可以即時飲；也可以倒入保溫壺內慢慢飲。據說，這個飲品是防秋燥妙品，老少咸宜，除養顏護肺之外，還可以減肥（不要問我真假，自己一試就知，反正太子都飲不壞）。

❖拍攝當日，與鄰居「廚神」陳太一起炮製甑酒浸葡萄乾。陳太還為我和工作人員預備豐富的午餐；她的女兒Carol也為我們烘焙了麵包和蛋糕，在下午茶時段轉瞬已掃清，非常美味。

葡萄乾這兩種食法之所以受到追捧，因為葡萄本身含有類黃酮，是一種強力抗氧化劑，能清除體內自由基，故能防治老人斑，抗衰老保青春。它還含有白藜蘆醇，是一種抗癌的微量元素，預防健康細胞癌變。記得從前去探病，基本的水果禮品必然是蘋果、橙和提子，原來葡萄汁可以協助手術後的病人減少排斥反應。

連根拔見花生

香港有機果蔬農莊除了種植稻米，還種有瓜菜水果、番薯等。呀！還有花生。農場主人林先生指着一片如豆苗葉子的矮樹叢説，「這是花生。」一下子，所有目光都停在那裏，帶着初次見識的驚訝。林先生一把揪起一撮連根拔，但見連着鬚根的都是一顆一顆的花生。大家認不住的怪叫起來，一班活脱脱的大鄉里。

林先生用清水把附着的泥濘沖走，花生露出了白雪雪且飽滿的真面貌。林太太説新鮮出土的花生經曬乾後就轉成我們平時見到的深沉顏色。

花生是我們平日最佳的口果零食，百吃不厭。它的別名包括了泥豆、落花生、長生果，據説常吃有養生益壽的作用。一顆花生通常內有種子一至四粒，種子含脂肪油、蛋白質、氨基酸、卵磷脂、嘌呤、油酸、亞油酸、花生酸、棕櫚酸、維他命B_1及B_2；此外還含有鈣、鐵、磷等對人體有益的成分。中醫學認為花生味甘性平，有潤肺止咳、潤腸通便、上血、通乳等功效。但花生味甘易生痰，故不宜過量服食。

❖剛拔出來的花生

❖已洗去泥土呈米白色的花生

❖一大片花生田

鎮痛風平皺紋話勝瓜

聽說，勝瓜可以治痛風，我小時候已知道勝瓜本來叫絲瓜。由於「絲」與「輸」音近，為賭徒之忌諱，所謂「輸輸聲，大吉利市」，所以愛賭之人對絲瓜是敬而遠之的。為了解除此「束縛」，消除心魔，就索性用「輸」的反義辭「勝」來代替「絲」，故有勝瓜二字的出現。今日，仍有很多長者依舊叫它絲瓜，而菜販們不論老少，都曉得絲瓜即勝瓜。

我小學時不愛吃此瓜菜，因為口感古怪。現在久不久會吃，不為別的，而是從營養成分上看，知道它有健腦美容功效，是以對它的印象大大改觀，尤其是它的藤莖汁液，是美顏之寶。摘取勝瓜後，把剩下的藤莖，剪一小把，洗淨，瀝乾水後，切碎，磨成汁液敷面，十分

鐘後用溫水洗面，抹一點椿花油或蘆薈修護精華等來保濕防曬去斑。

此汁液的功效是，讓你保持及回復皮膚彈性，撫平已出現的皺紋。勝瓜本身就含有防止皮膚老化的維他命B雜，令皮膚美白的維他命C，並有改善女士月經不順的功效。另外，痛風是尿酸晶體積聚在關節，尤其大拇趾，令關節腫大疼痛，勝瓜具利尿活血、清涼、解毒效用，故多吃能紓解痛風之苦。

你不知道的芋頭二三事

認識一位八十多歲的長輩，精靈活潑。他最吸引我的地方，是他那口健康的牙齒。他說，刷牙時除了在牙膏沾點幼海鹽外，食品方面他最愛吃芋頭。他說芋頭含有氟，具有潔齒防齲、保護牙齒的作用。另外，芋頭能增強人體的免疫功能，可作為防治癌腫瘤的常用藥膳主食。

別忘記，芋頭是鹼性食品，能中和體內積存的酸性物質，調整人體的酸鹼平衡。如此一來，就有了養顏美容，令頭髮烏黑的功用，是以癌症病人接受完手術之後，接受化療等治療中，中醫會建議他多吃芋頭，因為它有免疫功能，可協助治療。

以前最怕買芋頭煮菜，因為怕刨皮，因為芋頭的黏液會使皮膚產生過敏因而痕癢得要命。近年得高人指點，從此刨芋頭皮不會再有痕癢情況出現。一、戴上手套刨皮；二、在水龍頭下邊沖水邊刨皮；三、刨皮之後，雙手在火爐上焙一下；四、用鮮薑粉（少許）來摩擦雙手。這都是去痕止癢的方法。

燻肉與芋頭

今天下班後，開車到菜市場買餸。邊開車邊盤算，用甚麼瓜菜來配煙燻薄切五花肉最好。那五花肉是台灣的出品，品牌名稱是「果木小薰」，在灣仔會展舉行的世界廚具食品展試過，一吃難忘。乘到台北公幹之便，並受朋友所託到「果木小薰」搜購。煙燻薄切五花肉，是他們的熱賣產品之一。我試過用來煮煲仔飯，方法是在乾鑊上慢火把五花肉逐片熱至香氣飄出，然後放在瓦煲飯上再焗煮至肉熟透，便可開飯。

這一次，我想改變食法，於是走進市場站在菜檔前看看能否找到靈感。檔主正在把一個巨型芋頭斬成兩半出售，見我呆呆地望着芋頭，說：「芋頭好靚呀！煮熟後啖啖粉，由頭粉到尾。」咦，用來煮煙燻五花肉都不俗喎，我在想。

結果，買了半邊芋頭，回家刨皮切細件，用蒜頭薑片麵豉醬起鑊，倒入芋頭件快炒，放點糖放點鹽加適量水中火煮之。把五花肉用乾鑊熱至透香，待芋頭九成熟時放入五花肉繼續煮五分鐘，開蓋，撒上葱花，上碟。

魚腥草傳奇

這真是一種有趣的生草藥，它的名字叫魚腥草。有趣之處，不在它的名字，而是它背後的故事。

話說春秋戰國時代，吳越爭霸。成王敗寇古已有之，越王勾踐成了階下囚，一番折騰後，勾踐獲釋回國，顏面無光，誓死復仇挽回國人對他的尊重。為了鞭策自己，勾踐每晚睡覺前，不是去健身而是來一課臥薪嘗膽，以示永不放棄。

但一波未平，一波又起，國內發生了饑荒，為了紓解民困，相傳勾踐親自四出尋找可以充飢的野菜為餐。經過一輪的試食、尋覓，他發現了生食熟食均可的魚腥草。於是下令廣傳，讓百姓到山邊野地摘取魚腥草為糧食。

《名醫別錄》記載，「生濕地，山谷陰處亦能蔓生，葉的蕎麥而肥，莖紫赤色，江左人好生食，關中謂之菹菜，葉有腥氣，故俗稱魚腥草。」此草盛產於長江流域以南，有鎮痛止咳止血，能將傷口癒合，促進銀屑病的好轉，而且毒性低，並能消炎抗菌利尿增強免疫力等，但不宜久煎。可見，勾踐前恥未雪已曉得先安民心，四出嘗百草竟未聞中毒情況。

我在想，究竟是他親自試食還是叫手下做白老鼠，隨山跑隨處吃？結果，食中了還可以傳益後世的魚腥草。

海參與膝關節痛

讀者 Fanny Chan 説要跟大家分享一個消除膝關節痛的食療方。她約五十歲，是一位老師。她説許多年前因為工作過勞，整個人疲累不堪。某日落樓梯時踏空了一級，弄至膝關節劇痛，但仍撐着，一拐一拐去上課。至晚上才去看醫生。醫了多次也吃了葡萄醣胺，就是不見成效。於是轉服中藥和接受針灸，有了改善。

可是要天天站着教書，膝關節仍然痛。於是有同事教她天天食二至三條海參。她照做了。連續食了兩個月，痛楚沒有了，活力回來了。我去深水埗街市的海味店買六百元一斤，細條的，約有一百條，早上起床後，把浸泡好的二至三條海參隔水蒸五分鐘，喜歡軟一點的就蒸長時間一點。空肚吃，有時我會伴蜂蜜，味道不會太寡。

鮮橙杏仁乳酪健美飲

以下介紹的是天然的潤滑劑，可滋潤乾燥的皮膚、解決偶然出現的便秘。

材料：鮮橙一個，純正杏仁粉二湯匙，純乳酪一盒（一百克）。

一、用溫開水把杏仁粉調成糊狀。

二、把橙肉榨汁。

三、把上述材料全倒入攪拌機內，再倒入二百毫升涼開水，打勻即可飲用。

鮮橙汁含有豐富的維他命C，可抗氧化保護皮膚滑淨。杏仁含有黃酮類，能預防心臟病，減少心肌梗塞的機會。乳酪是乳酸菌加入牛奶發酵而成，含有牛奶所有的營養；且可維持腸道酸性環境，調整腸胃，減少腸內有害物質，同時還可強固牙齒。

簡單方法治頭痛

講到頭痛，如果不是甚麼嚴重的情況或症狀，有些簡單的方法是可以止痛或紓緩的，例如馬上飲半杯黑咖啡（不加奶不加糖的），但不能飲太多，因為咖啡因的刺激，能令血管擴張，促進血液循環，紓緩頭痛；不過如果過量，咖啡因也會造成頭痛的。

要紓緩頭痛，有些平日愛做的動作或習慣就必須停止，例如不斷咬指頭、不停嚼香口膠，這些咬合和咀嚼動作也會容易造成頭痛。醫生説，經常在睡夢中磨牙的人，也會在日間出現頭痛，特別在早晨時分。此外，愛把頭髮束成馬尾的人，假如把頭髮綁得太緊，也可能造成頭痛。

從前有位男同事，因為怕冷氣房內的冷氣，於是天天戴頂鴨舌帽上班，八個小時都這樣，結果是鬧頭痛，後來脱掉帽子，情況就大大改善了。上司亦明白事理地為他調遷座位，遠離冷氣直吹的地方。此外，泳手們也會有頭痛現象，不是因為勝敗的壓力，而是常戴着泳鏡的後果。還有，不要忘記每天飲用足夠的開水，補充身體或因流汗而流失的電解質。

大蕉頌

鄰居Karen送來了兩根大蕉，掛在大門外，字條寫着是本地出品，叫我嘗嘗。收到的時候還帶點青色，放了兩天，應該熟了，但未至於熟透。忘記了甚麼時候開始少吃大蕉，飽滿又巨型的大蕉看在眼裏，感覺既中國又農村。接近黃昏時分，忍不住把大蕉剝皮吃進一口，試圖尋回對大蕉的記憶。

那外形大小足有兩根普通香蕉的份量，味道酸澀甜一併包攬。一邊食一邊覺得飽，軟綿綿白雪雪總也吃不完。一個不留神，以為正在吃巨型日本飯糰。記得老人家說大蕉比香蕉更能清腸胃改善便秘，所以傳統中國人比較愛吃大蕉，而且大蕉富含食物纖維，可以使血糖降低，因而緩減糖尿病的病況。

大蕉因為能滑大腸，所以就認為它有防止大腸癌的功效。此外，它還富含鉀，比香蕉的還要高。原來，鉀可以維持心跳規律正常，預防中風、降血壓、協助肌肉正常收縮等。

綿茵陳潮州茶果

走進一間糧油雜貨店買雞蛋，店中一個小攤架上擺放了各種茶果糕餅。其中一種白色半透明的，隱隱讓人看到餅餡是暗綠色的。我隨口問：「這是雞屎藤茶果嗎？」店員答道：「那是綿茵陳。雞屎藤是客家的，潮州沒有雞屎藤，潮州用的是綿茵陳。」

回家路上，滿腦子是綿茵陳。這是第一次聽說用綿茵陳來做餅餡，那麼潮州這地方一定有許多綿茵陳，於是向中醫求教。醫師說，這種生草藥有清熱利濕退黃的功效，藥性微寒。食用方法，除了製成茶果，也可以用來煮粥，以排走肝毒及預防肝病。材料是綿茵陳一兩，白米二兩。

在路邊看不見綿茵陳，反而雞屎藤就隨處可見。

綿茵陳洗淨後，放入魚湯袋中，然後與白米一起煮成濃稠適度的粥，加點海鹽調味食用。除了保肝護肝之外，對那些有口臭、口苦煩躁、黃疸病人亦有幫助。

如果你有留意山坡、路邊的無名野草，不難發現綿茵陳就在其中。那是一種多年生草本，基部木質化，表面黃棕色，有縱條紋，多分枝，乍看有點似艾草，故又名松毛艾。趁秋高氣爽行山遠足，不妨留意一下沿途草木，尋找綿茵陳。

芹菜的另類用途

口味是會改變的。小時候最怕吃的食物，有苦瓜、蒜頭、芫茜，還有芹菜和榴槤；現在，對這些食物都來者不拒。於是，有人說：「這證明你老了。」

與朋友在討論健康飲食，話題扯到芹菜。原來，芹菜除了可食用之外，還有其他用途呢！以下是我聽完之後綜合起來的「用處」，供大家參考。

中醫學認為，芹菜性涼，味甘辛，無毒，入肺、胃、肝經。芹菜是高纖維食品，它經腸內消化作用產生一種木質素或者是腸內脂的物質，這是一種抗氧化劑。常吃芹菜，特別是芹菜葉，對預防高血壓、動脈硬化等都十分有效。

一、把西芹葉洗淨，放入冰箱冷凍保存。煮肉湯時取出芹菜葉放入湯中，能令湯味更清香鮮美。

二、如遇上醉酒後出現頭暈腦脹、面頰潮紅，立即把適量芹菜榨汁飲用，有一定療效。

三、每日飲半杯芹菜榨汁，可防治中風。

四、用芹菜根、葉及頭煎水或榨汁，再加入白糖少許調勻飲用，可治高血壓。

五、芹菜六百克、苦瓜九十克，切細，然後放入鍋中加清水適量煮成湯飲用，也是治高血壓的民間驗方。

六、如遇反胃嘔吐，可用鮮芹菜根三十克、甘草十五克，放入鍋中加適量清水煮三十分鐘，把湯渣濾走，然後打入雞蛋一個，調勻服用即可。

七、如果月經不調，可取芹菜三十克、茜草六克、六月雪十二克，加水煎服。

大自然的恩賜

我一直以為凡是水果都屬寒涼食品，原來也有屬熱性的；例如榴槤就是好例子，許多人食完會有胃部灼熱的感覺。十多年前，我試過一次，立即給嚇了一跳，因為五臟有事非同小可；於是明白了適可而止的重要性，而且當時的身體狀況也是一個關鍵元素。

某年，在歐洲公幹時遇見一位馬來西亞華籍女士，說是來看看正在歐洲讀大學的子女。她看來十分年輕，說甚麼也不似有個二十二歲的兒子。一邊讚美她那滑淨的皮膚時，一邊問她竅門。她劈頭第一句就說：「我們馬來西亞人愛食榴槤，我相信我的皮膚好就是因為多食榴槤的緣故。」自此，我對榴槤有了好感。

在馬來西亞和泰國，榴槤時常被用作病人、產後婦女補養身體的補品。大家都知道，榴槤性熱，有活血散寒、緩解經痛的功效，特別適合受經痛困擾的女士食用。原來，它還可改善腹部寒涼的徵狀呢！因為榴槤進入人體後，會促進體溫上升之故；但榴槤糖分極高，不宜多吃，否則容易致肥出暗瘡。

馬來西亞華人還會用果核煲豬骨湯，是他們傳統的民間食療。雖然榴槤優點多，但切不可一次過食得太多，會容易導致身體燥熱，還會因腸胃無法完全吸收而引起「上火」。食完榴槤，不妨飲杯海鹽水，或吃些多水分的水果來平衡，例如西瓜、梨等。但許多人會在食完榴槤後食山竹，說能降伏榴槤的火氣，令身體不被損害。

熱情果香氣誘人

另一種水果是熱情果（百香果），那香氣極誘人；但多吃也無益，因屬熱性食品，多吃了也容易鬧便秘。所以，我吃時會加入蜂蜜調勻才吃。一是中和其熱氣，二是香噴噴的熱情果果肉奇酸，不加入蜂蜜是吃不了的；另外，可以加入雪糕一起吃，也很美味。

但它的好處是能抗氧化、治失眠、消除頭痛、能改善神經緊張引起的胃痛、尿頻、肌肉痙攣，乃是一款紓緩焦慮、情緒低落、抑鬱的水果。

海帶與脾胃虛弱者

朋友自沖繩旅遊回來，手信是一包乾品海帶，欣喜不已。

乾品海帶表面有一層白色的糖粉一樣的霜，那是甘露醇，是植物鹼經過風化後形成的。它含有海帶特有的益處，進入人體後即發揮了排毒消腫的功能；還可防治腎功能衰竭、藥物中毒、防治高血壓、慢性肝炎等等。但中醫學指出，脾胃虛弱的人最好不要食海帶。怎麼才算是脾胃虛弱呢？其表現是大便稀溏、食後易瀉、餐後出現腹脹、不時面色泛黃、雙目無神且有疲態、舌苔薄且白、體質虛弱、一旦吃過油膩食品即出現肚瀉、平日容易頭暈等等。而且海帶屬寒涼食品，女性月事期間，亦不宜進食。

仍是那句話，凡事皆有兩面，你的砒霜可能是他的蜜糖。

不要隨便飲雞湯

秋冬當然是進補時刻。但是，一不小心就會誤闖虛不受補的禁區。最受歡迎的補品當以雞湯為首了。

體弱多病者，請不要隨便飲雞湯。

據專家分析，雞湯中含有一定份量的脂肪。患有高血脂症的人常常喝會促使血膽固醇進一步升高，可以引起動脈硬化、冠狀動脈粥樣硬化等疾病。此外，對於患有高血壓的人來說，經常不知節制地喝雞湯，除了會引起動脈硬化外，還會令血壓持續升高。同時，消化道潰瘍的人也不宜多喝雞湯；因為雞湯有明顯的刺激胃酸分泌的作用，對有胃潰瘍的人來說亦不宜多喝雞湯，因為會加重腎臟的負擔。

如果，有上述徵狀的朋友必定要喝雞湯的話，一次最好不要超過二百毫升，一星期只可喝一次。

菠蘿抗炎抗水腫

菠蘿與鳳梨原來是有分別的。至於如何分，我且賣個關子，在下文才揭曉。

如在乍暖還寒兼有風雨，大人小朋友都容易患上氣管炎和咳嗽。不妨取鮮菠蘿肉一百二十克、蜂蜜三十克，放入瓦煲內，加清水兩碗，煲滾後轉小火煲十分鐘。吃果肉飲果汁。每日一次。通常連飲二至三日。（煲之前最好用淡海鹽水浸泡菠蘿肉五分鐘左右，去除會令口腔發癢的生物甙。試過有人吃鮮菠蘿前沒有用海鹽水浸泡，結果吃後十五分鐘出現過敏反應。症狀是肚痛腹瀉、全身發癢、皮膚潮紅、口舌發麻、呼吸困難等。民間稱之為「菠蘿病」。）

菠蘿含有蛋白質、脂肪、糖類、粗纖維、鈣、磷、鐵和維他命B_1、B_2、C等，還有菠蘿蛋白酶，可以在胃內分解蛋白質，幫助人體對蛋白質食物的消化和吸收；同時菠蘿蛋白酶可以用作抗水腫和抗炎藥。

菠蘿和鳳梨的分別

早前跟着蔬菜統營處探訪了兩家農舍，有所得着，開心到今天。理由是，我終於知道菠蘿和鳳梨是有所分別的，雖然外形似到十足十，但仍有不同處；我跟許多朋友一樣，以為菠蘿到了台灣就跟台灣人一樣文藝了起來，改了個漂亮的名字「鳳梨」。

那天在坪輋的香港有機果蔬農莊，主人林先生教我如何分辨菠蘿與鳳梨。菠蘿頂上那堆長得如噴泉的葉子，其邊緣是有勾刺的；而鳳梨頂上那堆葉子的邊緣，卻是平滑的。聽完，彷彿發現新大陸似的，久久不能作聲。

菠蘿去皮後放進鹽水裏浸泡一會，除了可去除令口腔發癢的生物甙外，經過這個程序之後，把菠蘿的澀味清除，帶出鮮甜味。怪不得小時候，看見街邊賣菠蘿的攤子，去了皮的果肉必然是浸泡在一大玻璃瓶的水裏，那就是鹽水。至於鳳梨呢？就不必經過這個程序。兩者都一樣清香多汁。

問林先生哪一樣比較好食，他說菠蘿。

❖圖中的是菠蘿

冬季宜食黑吃苦

飲食方面，我崇尚均衡飲食，甚麼都吃，除了狗肉和野味。食「德」是福，能進入口裏的，就是幸福；人生苦短，能有幾回醉？中國人不論窮富都講究四季養生，不時不食。

就以冬季為例，主張少鹹多苦及「食黑吃苦」。所謂春天養肝、冬天養腎，腎好則青春不老。中醫學認為，腎藏精氣，主骨、生髓，通於腦，其華在髮；可見頭髮的健康與否，原來與腎有關。腎亦主生殖、發育，主滋養及溫煦各臟腑的組織；也主水、主納氣，與膀胱關係息息相關。腎，實在是先天之本。冬天是藏養精氣的季節，不宜有過量的運動和勞動，不宜大量出汗，會傷精；所以冬天的補，該是溫補，而不是大補。

此外，腎屬水，腎水太多會出現水腫腹脹、腰痛、足冷。中醫認為，這是腎陽虛，鹽為水，冬季飲食如果太鹹，腎會存水過量而引致上述病徵。所以，在冬季最好每天能飲一杯赤小豆水加薏米粉，以利尿、解毒、健脾及消腫。

每天必做的功課

我是一位勤力的「學生」，有些「功課」每天都會乖乖地做，不用家長催促！

拉筋、泡腳、面部瑜伽、用手指輕輕敲打頭頂等，只需花少許時間，就能讓身體大大得益。

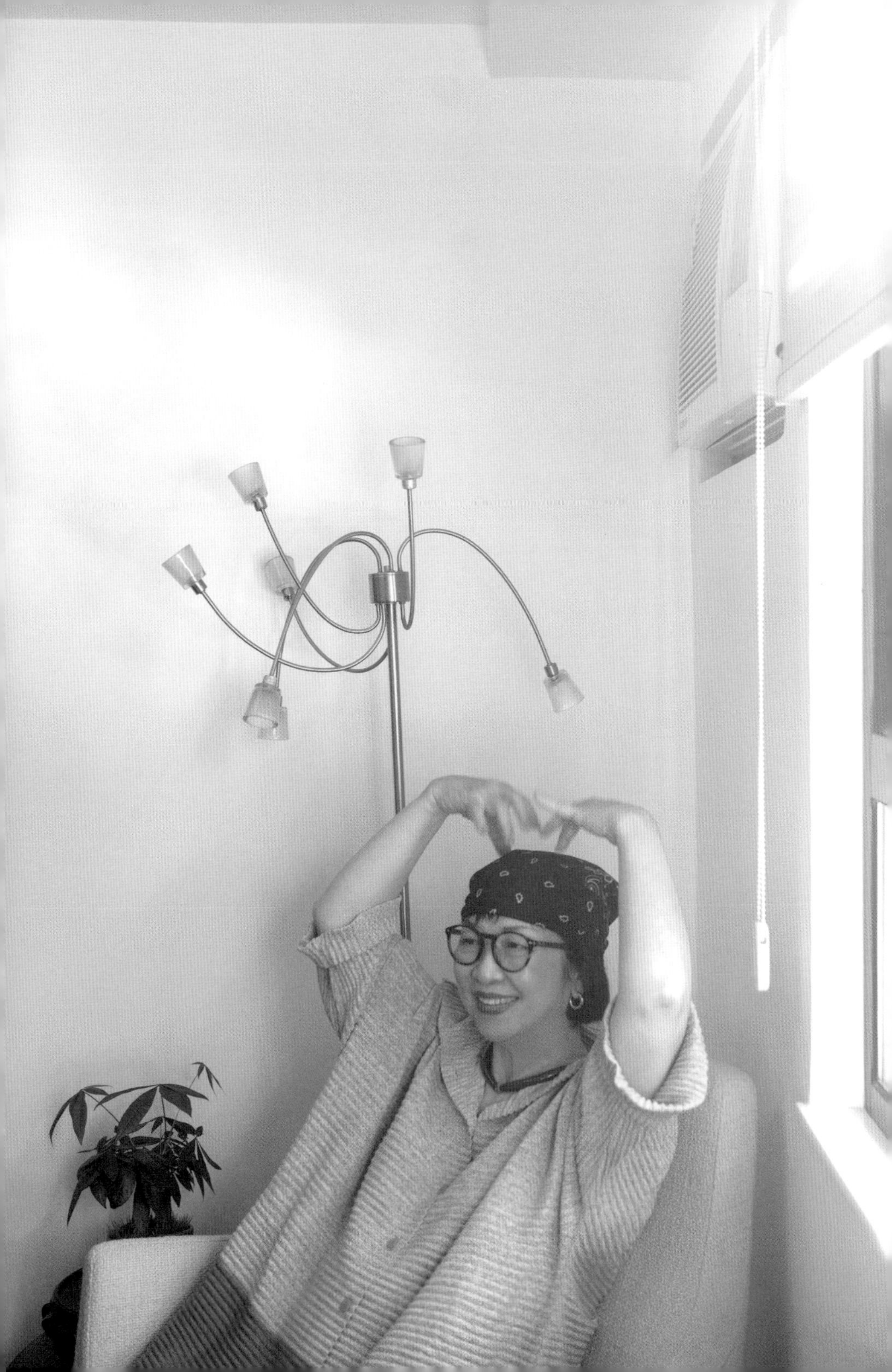

繼續開心積極地生活

聽説已經有人因為受到疫症困擾而需要接受心理輔導，甚或要去見精神科醫生，這是疫情下的另一闋哀歌。醫護人員天天呼籲市民盡量留在家中不要外出，若然必須外出的話，一定要戴口罩，一天洗手多次為自己為他人着想，不要與人接觸；因為這是個一旦感染就迅速折騰肺部的病毒，真是人都癲。雖然那股非常的心理威脅重重襲來，但醫護們亦呼籲大家保持冷靜，不要太過恐慌。

老實説，話雖如此，為了生計，工作仍需繼續，與人的交往仍需繼續；所以我還是鼓勵大家多做深呼吸，忽然心裏產生惶恐，心跳加速，馬上做深呼吸，至少二十次。用手按擦耳朵，用手指或木梳梳頭，做個直腿收腹彎腰（停着三十秒）的拉筋動作。不過是十分鐘左右，你的心情便立刻回復正常，一切鬱悶一掃而空。

這是讓氣血好好循環、順暢的方法。氣血好，除非你有先天性精神病，不然的話，是不會有抑鬱症的。緊記晚上臨睡前要用艾粉加生薑粉或其中一種來熱水泡腳，以防病毒感染。

面部瑜伽招式

終於跟朋友利嘉敏學了幾招「面部瑜伽」，但要無時無刻在獨處的時候做，所謂業精於勤荒於嬉，一點不能鬆懈。

第一招是「面目猙獰」。方法是盡量把嘴張開，有幾大就幾大，然後盡量把右嘴角拉向右一下，左嘴角拉向左一下；就這樣的左右左、左右左的運動嘴部，以掀動面部肌肉，讓面頰的肌肉能放鬆、收緊，放鬆、收緊的運動，做幾多下都無問題。為何稱這一招為「面目猙獰」？因為做的時候，面部表情真的不太雅觀。

第二招是「嗡口嗡鼻」。顧名思義，就是鼻與口一起做運動，讓鼻子向上抽縮的同時，口也是張開的，配着鼻子的一下一下抽縮，結果齊齊運動起來了。

第三招是「伸脷鬼」。方法是把舌頭伸出來，先向右邊盡力伸長，然後是左邊，舌頭也是盡力的往左伸展。這幾招都能防治兩邊近腮處的肌肉鬆弛下垂，讓人看來似隻老虎狗。這就是所謂的 lift-up 功能，這個面部瑜伽再加上每晚抹上蘆薈修護精華素，想不漂亮也難！

睡醒須注意及必做的養生功課

一些看來微不足道的基本生理衛生常識，卻是養生保青春的不二法門。

早上睡醒了，切不要匆匆彈起床。要保持臥着狀態兩分鐘。因為身體經過長時間的休息狀態，現在突然沒有任何準備下進入活動狀態，使人體交感神經系統被迅速地激活；如果你平時健康狀況並不理想，一下調節不過來，就會產生低血壓，是以造成暈眩。

此外，身體經過一整晚的靜止狀態，血液黏稠度必然增高，血管阻塞率的機會亦會增加，形成供血不足的情況，容易導致心腦血管疾病。所以睡醒後，先靜臥兩分鐘，然後用手指輕輕敲打頭頂二十下，稍稍提起雙腳在空中作踩單車動作二十下，接着坐起來，雙腿伸直，雙手向前扣着腳板或腳趾拉筋三十秒。

❖ 用手指輕輕敲打頭頂二十下

下床，做一個直腿收腹彎腰雙手按地板三十秒的拉筋動作。整個過程都是在幫助血液回復正常地循環，接着就是喝一杯溫開水，讓黏稠度增高了的血液重回正常。

這個由睡醒至下床的晨操才算完成。

勿忘食早餐。

這是讓空蕩蕩的胃獲得適當的補充重啟活力的重要功課，不然容易搞出胃炎、胃潰瘍等病症。

午睡與養生養顏

遇上假日，即是我完全不用開工的日子，我最好的活動之一，是睡一個午覺——攤在床上，無牽無掛地睡一覺。雖然只是短短的半個小時，已經好滿足，悠然轉醒，望着天花板、望着窗外的天空，有種十分幸福的感覺。

午睡，不能睡多於一個小時，除非你有病；否則，半小時已經足夠。睡得太長，會頭暈或者頭痛，這是人體正常的反應。睡眠是休息，讓開動了十多小時的身體「摩打」停下來休養生息一下，回一回氣，待精力回復了，又挺起胸膛再戰江湖。

我就算到外地旅遊，也不忘找些時段讓自己能睡上至少二十分鐘。生活繃得太緊，必在情緒上表現出來，當然都是負面情緒。負面情緒累積太多了，皮膚就發出了訊號，最顯淺的當然是太多的油脂分泌，還有皺紋以及鬆垂的皮膚。

美容專家常規勸女士們要有個「美容覺」。這個「覺」一定是個熟睡的「覺」，因為熟睡代表你整個人都放鬆了。這時段，體內「機能」就會自動地調兵遣將，為你的身體作出各樣的修補，這當然包括皮膚。

午睡後再戰江湖

朋友利嘉敏收到清晨五點天還未光、由我送出的訊息。於是，某日見面時，她就金睛火眼地盯着我的臉作近距離審視，然後喃喃自語：「咁夜瞓皮膚都咁好。」搞到我又喜又驚地哈哈大笑。說實話，這種「夜瞓」只是偶一為之，一個月兩三次吧！

不過，如有這種情況，我會在下午找空檔補睡二十至三十分鐘的。這樣在精神方面、在皮膚方面就不會太受「傷害」了。搞到作息出現失衡的原因多得很，如不小心飲了可以提神的茶、趕着提交的報告、稿件、覆信、激氣、憂心等等，都會令人「眼光光」。

當然，追劇，例如日劇、韓劇、內地劇，因為欲罷不能，也會死撐着一集接一集地追看，直至東方既白，才曉得自己原來這麼任性。

除了馬上洗把臉，趕緊爬上床倒頭睡一會，接着上班做指定日程的工作外，到了下午，就算捱得住，也得找點時間瞌一瞌。醒過來後，人又生龍活虎了。哈哈，我從來都知道午睡對養生是多麼重要的。

讓身體暖洋洋

保暖是每天必須做的功課。

記住不要讓頸項着涼，還有雙腳、背門和頭部，都要保持溫暖。手袋裏應該永遠有一條足可擋風禦寒（冷氣）的圍巾，不管是厚是薄，這是有備無患的。坐在冷氣間工作，大腿也要保暖，尤其是穿着裙子的你，不妨覆上毛衣或圍巾，亦可抹上能暖和的生薑椿花油。就算窩在家裏也不可掉以輕心，恆常地穿上棉襪子。常言道：「人老腳先衰」，可見腳對於整個身體的健康是非常非常重要的。

在前文我曾提醒過大家，腳有如一棵樹的根，根是健康的、沒有蟲蛀的樹幹，樹枝樹葉就必安穩地成長，可以在疾風暴雨中屹立不倒，冷不防還可以成為千年古樹，見證了天地間風雲變幻悲歡離合。人，也是一樣，雙腳給保養得好，它們就是身體的支柱。所以臨睡前用薑粉艾粉加熱水來泡腳，這個養生美容功課是不能缺少的。

搞搞五十肩

與報社編輯討論有關勞損問題，我們這些常常筆耕的，動手的同時，還低着頭彎着背日日至少筆耕兩個小時，而編輯們每天對着稿件，既要校對又要編排，從早到晚，往往超過八個小時；長期如此，肩膊關節、肌肉必定受不了，未到五十歲已經出現五十肩。

這幾年聽朋友談論起，發覺五十肩有年輕化的趨勢。處理文字工作的朋友，問我如何對付。因為去做按摩、捶骨，成效不太大，也有人吃藥來止痛，但藥效一過，疼痛或痹痛又回來了。我也曾經此苦，但我怕吃藥，因為明知它幫不了甚麼忙。

這種與肌肉有關的痠痛，應該用運動來解決。我的經驗是伸展運動非常不錯。每個小時，讓自己停一停，兩手高舉手指抓空，一分鐘左右，然後手臂向兩邊伸展平放並向後壓，一分鐘左右。接着，把左手像芭蕾舞姿勢般繞過頭部，停二十秒，右手繼續伸展平放，之後換右手做同一動作。

這是一個鬆弛肩膊肌肉的運動，做的時候有點繃緊，做完後覺得很舒服，有年輕了的感覺。一天之內，能夠做上四、五次的話，五十肩不僅消失了，同時也養成了愛運動的興趣。

對付五十肩

對於紓解五十肩的疼痛和不適，我還有一個法寶，就是拍打運動。

首先，立直身體，雙腳略作八字形分開，然後開始拍打肩背的運動。右手拍打左背，左手拍打右背，如此這般，連續交叉用力拍打五十下。每日一次過做，拍打完之後，經絡得到激活，促進血液循環，頓覺一身輕鬆，舒服晒！

當然，絕對不是拍打一次、兩次即可搞掂五十肩，大家必須要有恆心地每日做，通常一個至兩個星期即有紓緩作用。謹記不要有一日沒一日地做，要讓這運動成為你每日生活的一部分，這樣才收到預期效果。

誰說人到五十才有五十肩？不管你甚麼年紀，只要雙手的運用不正確，影響了肩膊使其出現勞損疼痛，就是五十肩。

緩解高跟鞋「痛苦」

高跟鞋讓無數愛美女士又愛又恨。所以平日不妨做些腿腳操，以緩解高跟鞋帶來的「痛苦」，讓雙腳有休息的機會。

一、坐在辦公桌前，脫下鞋子，一隻腳平放，另一隻腳踩在地板上的空塑膠瓶上做前後滾動運動，做二至三分鐘；然後換另一隻腳照做。目的是增強腳部血液循環。

二、扶住欄杆或椅背，地上放一張瑜伽用的軟墊，雙腳踩在其上，腳尖着地，腳跟懸空，慢慢地做下蹲動作。重複八至十次。目的在拉伸雙腳後跟，提高肌肉和韌帶的收縮能力，以達到放鬆雙腳，防止容易受傷。

三、站立。把身體重心放在其中一條腿上，另一條腿膝部微曲，以腳尖着地，踝關節以腳尖為圓心做環繞動作，以放鬆關節。

四、養成以美肌食鹽或艾粉薑粉加熱水泡腳的習慣。

肚腩之害

很奇怪，有些人一旦站着就會凸出了一個小肚腩，平時是不會察覺的，而且還表現出蠻有身材，即是胸是胸、腰是腰，不見甚麼胃腩和肚腩。之所以變形，那是因為站着時，自然而然地把身體放鬆了的結果。

與此同時，還有寒背的情況出現，一副懶散的樣子，習慣了，久而久之，真會養出了一個肚腩及腰板撐不直的外觀。所以，不管甚麼時候、甚麼情況下，站着時都要收縮腹部，腰板自然就挺直，背脊也不會彎曲。

良好正確的站姿，不但促進健康，同時也令人精神奕奕，一副很有自信心的樣子。對於真有肚腩的人來說，收腹的站姿是消滅肚腩的一大良方。不信？由今天開始你試着做，你一定會發現肚腩明顯地給收縮了，不再是從前那個肚腩凸凸的你。

站在鏡子前一照，果然是自我感覺良好；再修飾一下頭髮，如果是女士，化個靚粧，穿件適合自己氣質和身形的衣服，精神抖擻地上班，出席朋友約會，再帶點親切的笑容，馬上年輕二十年。

每天做運動預防肌少症

膠原蛋白含量的多寡，可以決定你、我、他皮膚走到哪個階段的程度，即是年輕的還是年紀大的。年紀不是決定肌膚情況的絕對指標，膠原蛋白卻有生殺大權。甚麼是膠原蛋白呢？皮膚專家説，這是一種高分子質量蛋白質，説簡單一點就是優質蛋白質。

雞蛋裏的蛋白質和大豆所含的蛋白質，是一種被人體吸收和利用率達百分之九十五以上的蛋白質，是為優質蛋白質。蛋白質是人體不可或缺的三大營養成分之一，過了六十歲的長者，如果缺乏優質蛋白質，後果會是出現肌少症，即是肌肉減少，肌肉力氣減退、活動表現變差，例如走路速度遲緩下來，不夠氣力擰毛巾、瓶蓋轉不動，從椅子上起身的速度，以前是一撐而起，現在是撐來撐去才撐得起。

其實，人體從四十歲開始，其肌肉質量每十年減少百分之八，大腿肌力每十年減少一成至一成半，如果不加以保養的話，歲數愈高，肌肉和肌力的減退就愈大，而且速度相當驚人。補救或預防的方法，當然是多吃含有優質蛋白質的食品，但必定要均衡飲食。

防治肌少症

防治肌少症當然不能缺乏優質蛋白質，因為那是人體健康必需的膠原蛋白。但不必刻意去吸取，只需每日維持均衡飲食和足夠的體力運動就可以了。例如坐着看書或看電影或看電視時，做個拳頭收緊再放鬆的動作二十次左右，都是一個不錯的鍛煉手指肌肉的方法。

腳趾也一樣可以做運動，最夠份量的自然是拉筋了。因為從中你可以知道自己的肌肉有幾好、有幾壞。多練習了，鬆弛的肌肉也會變成堅實。許多人未到五十歲已經出現肌少症，那是拜四體不勤又揀飲擇食所賜。遠看還以為他（她）是個七老八十的。肌少症的人由於下肢力量不足使人走路不穩，容易跌倒。正中了我們常說的人老腳先衰的現象。

此外，由於肌肉與人體蛋白質的儲存、調整血糖等新陳代謝關係密切，是以容易引發糖尿病等症狀。假如你既肥胖又有肌肉不足的問題，即所謂的肌少型肥胖症，那麼 定要注意，因為這是很容易導致心血管疾病的。不妨在家裏添置一對啞鈴，每口做五至十分鐘，既能堅實肌肉和養肌，也能增強心肺功能，皮膚也同時得到滋潤。

前輩的養生方法

我有個前輩已經九十三歲，雖然一頭白髮，但皮膚好到不得了，而且精神奕奕、腰板挺直，思路依然清晰。一日，特意去拜訪她，趁着這個疫症嚴峻時刻，請她說說自己的養生方法，以及如何增強免疫力。

我們到公園坐在長板凳上，然後讓她侃侃而談。我卻發現，有些方法原來我們是相同的，不由的開心得高舉雙臂歡呼。前輩說，有些養生方法必須在睡前兩個小時就要做。那是甚麼呢？

一、熱水加薑粉泡腳。我對前輩說，我還放入一大茶匙艾粉。她拍一下大腿答道：「這個好呀！」然後問我在哪裏買的？我說自己公司有售，會送她一包。她高興地點點頭，繼續講泡腳，說每次泡最多二十分鐘已經足夠。有舒筋活絡促進氣血運行的功用，同時浸泡時腳部血管會擴張，能促進血液循環。對中老年人士來說，是很有用的祛病健身靈丹。

二、熱敷眼睛，消除黑眼圈。洗面前（包括卸粧後），先用熱毛巾敷眼睛，熱一點也可以，但以感覺不燙為標準，待毛巾涼了，是為完成。接着才洗面，這個方法有助改善眼睛周圍的氣血運行，紓緩眼睛的各種不適。

三、靜坐，深呼吸。正所謂「人無遠慮，必有近憂」，心煩事天天有，臨睡前請靜坐收心，最少五分鐘，同時做深呼吸，要感受到腹部的起伏為準。五分鐘後，心已靜下來，腦海煩惱亦已消去，這時放鬆身體睡覺去，包無失眠。

四、木梳梳頭二十次，或可以用手指來梳，梳至頭皮發熱。此動作用以疏通頭部氣血、提高記憶力和思考能力，並促進髮根營養，減少脫髮及增強生髮效果，同時可以改善偏頭痛。

五、按摩腳心。以拇指順時針方向，按摩腳心一百下。功效是補益腎氣、調節腎經、強腰固腎。這也是一個上佳的抗衰防老、延年益壽的天然方法。

六、到真正上床前，別忘記我教了許多次的直腿收腹彎腰、雙指觸地三十秒的拉筋。完成後，喝點熱水潤口，以解運動後的口腔乾涸，擔保你睡得香甜。

七、睡覺、休息，是很舒服開心的事，所以必須優質，真有許多憂愁事的話，就記住明日愁來明日當，睡醒再算。

頭髮濃密的秘訣

到肉檔買豬肉，順便閒聊兩句。旁邊一位穿戴整齊的太太也在等着買豬肉。見我面帶笑容，一副平易近人的樣子（哈哈），立即搭訕問我如何可以有一頭溜順濃密的頭髮。我轉身答道，「梳頭。每日用小木梳梳頭。早晚都要。」

然後，我又說，用手指每日多次地按摩頭皮、輕打頭皮，也是個好方法。目的是要令頭部血液循環順暢，引血液到來營養頭皮，加速新陳代謝，不過，一定要有恆心。她又點頭。肉檔老闆笑着說：「小姐，你可以嚟開個班教護髮。」最後我對那位太太說：「多點笑容，開心一點。」正要離去，原來後面已站着多位聽眾。

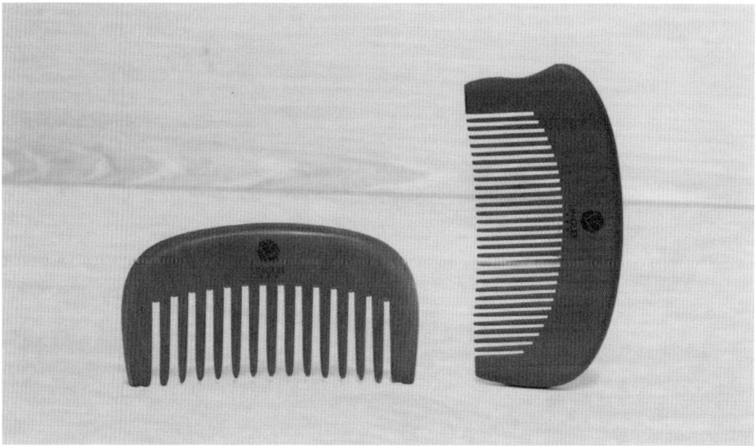

頭髮的保養

除了用手指每日多次地按摩頭皮、輕打頭皮外，還要做以下保養：

一、早晚各一次用風筒的熱風吹頭兩分鐘，然後用手按摩二十下使血液循環。

二、再用小木梳前後左右的梳頭最少三十下。

三、運動。不管是急步走也好，坐在床上或地板上拉筋也好，要每日維持二、三十分鐘的持續運動。

四、均衡飲食。

五、晚上不要吃得太飽。

六、用不含 SLS 的洗髮水清潔頭部。

每日一茶匙蜂蜜的功效

蜂蜜，不會像那些經過提煉的糖和蔗糖那樣，被人體吸入了，就會在胃裏發酵，是以不會有被細菌感染的風險。

小孩子患咳嗽了，給他吃點純蜂蜜吧！這是治療小兒咳嗽既安全又有效的天然食品。每日空口淨食一茶匙蜂蜜，它含豐富的抗氧化成分，不僅助你抗衰老，其單糖亦絕不會令你發胖呢！蜂蜜可能是糖類中最簡單的分子形式，是以無法繼續分解，亦正正令它可以直接通過小腸進入血液，不會像蔗糖那樣，引起消化系統的問題。一位健康又漂亮的女朋友跟我説，她十多年來，每晚睡覺前都飲一杯蜂蜜水，説蜂蜜是睡覺時燃燒體內脂肪的最佳燃料，能有效地幫助減磅；蜂蜜亦可以減少心血管系統的脂肪堆積。在廚房煮菜煲湯時，不慎灼傷或燙傷了，馬上在傷口處滴上蜂蜜吧，既能紓緩痛楚，亦可讓患處快速復原，且不留疤痕。

純正的蜂蜜，只要保存得法，可以幾百年不變質，營養亦不會流失；因為它是一種十分穩定的物質。

眼球操保視力

在香港手機的使用和擁有程度，已經普遍到連幼稚園生也幾乎人手一部，也成了小孩們的大玩具，終日沉迷，不知節制，結果眼睛出毛病了。我想起《黃帝內經》有關損傷健康的四個字——「久視傷血」，所指的是肝血。肝主血，也主目，是以有「肝開竅於目」之說。說得明白一點，肝臟功能之一是儲藏血液和調節血量。血液供應充足，雙眼才能健康才能看見東西。一旦視力過度使用，會引至肝血虧虛，眼睛當然會受損。手機和電腦的熒光會在不知不覺間破壞視覺神經和視網膜；因此，不許小孩當手機是玩具，或阻止他們使用是當務之急。

我們成年人呢？也應每小時讓眼睛休息十分鐘，做眼部運動。

一、眼睛望向遠方；

二、左右轉動眼球二十下；

三、用中指輕按眼袋（從眼頭開始至眼尾）二十下。

也是記着眼睛與電話熒幕的距離應不少於七十厘米；而且熒幕亮度愈大，電磁輻射愈強。

心靈護養

對我來說，當我心緒不寧想發脾氣、想破口大罵，或者寫稿時文思不順暢，如在家中，我會放下手中的工作，拿杯熱茶，遠眺窗外的風景，讓腦袋放空一下，人彷似排了毒般，整個人舒服了，頭腦一片澄明。

浪漫與抗疫

大家應該知道，人是有自我修復能力的。皮膚如是精神如是五臟六腑亦如是。要五臟六腑的自我修復能力好，身體先要條件就是健康。一旦遇上甚麼奇難雜症，一直儲存在身體內的抗疫能力就出來護航了。要有上佳的體魄自然不可缺乏均衡飲食、適當運動和心理健康。

我十分重視心理健康。包括培養正能量、放開心懷去面對一切、永遠讓自己掛着親切的笑容。這些質素與抗衰老和抗疫都好有效。當然，為了別人為了自己，在疫症嚴峻時，絕對不可到人多的地方例如飲宴。就算是你付錢請客都屬自私及罔顧他人安全的行為。

如果心理不健康常常鬧情緒，無病變有病，有病會加病。所以請記住，忿怒、易怒會傷肝；過份哀傷悲痛會傷肺；憂慮，不斷的憂慮會傷胃；超常的壓力會傷心和腦；恐懼會傷腎。這些壞情緒都會削弱我們的意志降低我們的抵抗力。

就讓自己放開懷抱地做人，浪漫一點又如何？記住，開心地做人，疫症好快過。

❖藍天白雲綠樹，讓人心曠神怡

學習使人年輕

時裝設計師Ragence Lam（林國輝）的媽媽已經九十多歲，行動開始有點不便，但腦筋清晰，不必家人朋友擔心。我問Ragence，林媽媽平日做甚麼來鍛煉腦筋呢？

Ragence說他媽媽每天都織冷衫頸巾斗篷等等，這些都是她年輕時最愛的手工藝；一是打發多出來的時間，二是當小禮物送給大小朋友們（嘻嘻，我也收過林媽媽親手編織的頸巾）。

月前，應香港大學職員協會邀請，分享我的美麗心得，其中一個重點是不斷學習，因為學習使人年輕、腦筋靈活。四十多年前，明愛（Caritas）提倡了延續教育這理念和課程，讓不同年紀的人士，不論正在工作的，還是已經退休的，都可以無顧慮地、開心地一同上課學習，擴闊眼界，增長知識。這是一個很有世界觀的全人教育，成了今日公開大學的雛形。

工作，可以一直做到老，讀書學習則需把握機會和講求心態。既然要愈活愈起勁，公餘時間應學點東西，充實自己。

驅走心緒不寧

朋友問如果我心緒不寧，會做些甚麼來平復心情？這位朋友又説，心情的好壞，心理的健康與否對皮膚都有影響。我答他，當我心緒不寧想發脾氣想破口大罵，或者寫稿時文思不順暢，總是寫不下去時，我會暫且放下，如果是在家裏的話，我會去做家務例如洗廁所、洗抽油煙機隔油網，去抹枱抹凳，甚至去吸塵。

因為做這些工夫都需要專心一致心無旁騖，才可以做得妥當。這段時間腦海中本有的愛恨情仇會跳出心外。一輪家務之後當然就是一身大汗，我就開心地對自己説排毒了排毒了，身心的毒都給排走了，整個人舒服不少，頭腦一片澄明，文思返來了。

倘仍有未解決的問題，我會勇敢地面對，然後找任何方法去處理掉。做家務也是運動的一種，令你的四肢百骸得到舒展，不會有肩膊痠腰骨痛，而且腸胃暢順。同時看見由自己親手佈置出來的窗明几淨，不僅有一種成功感，而且給家人一個戀戀不捨的家的感覺。運動後身體釋出的快樂安多酚，是潤膚的妙品。

❖多往郊外走、多看些綠色植物，對身心有莫大的益處。

境隨心轉

好友澳門永利皇宮的 Serena Chin 傳來訊息：「有相士說，整容改變不了甚麼，相由心生，修心了，容貌自然改變了。五官不要隨便改動，連眉也不要拔、不要紋。這位相士教做人又幾正氣。」然後，收到好久不見的 Jeremy Cheung 的留言：「我絕對相信『相由心生』這回事。」

是的，相由心生，佛家說世事無相，相由心生，可見之物，實為非物，可感之事，實為非事……又說「命由己造，相由心生，境隨心轉，有容乃大。」

朋友都稱李雅愛（City'super 前高層）是個工作狂，但她否認，她認為自己是個工作時工作、遊戲時遊戲的人，而且永遠朝樂觀快樂的角度去看人看事。常常保持心情愉快，世界就是亮麗的，所謂境隨心轉是也。

我相信每件事的發生，都有它的前因後果，並沒有無緣無故的恨。

鳴謝

歐羅有機農場的黃先生

因為這書要做香港稻米的資料蒐集，幸好有蔬菜統營處的羅經理（Kenneth）聯絡，帶路且管接管送，才有機會到打鼓嶺坪輋拜訪了香港有機果蔬農莊及錦田大江埔的歐羅有機農場。

藉此拜訪機會認識本地米農這份復耕心意，以及對種植優質有機蔬果的熱誠。

❖左起香港有機果蔬農莊的林先生、林太，蔬菜統營處的Kenneth（右）

李韡玲教你養生必懂的

生活美事

健體食療、

心靈護養手記

著者
李韡玲

責任編輯
譚麗琴

裝幀設計
羅美齡

排版
何秋雲

攝影
梁細權、羅美齡

圖片提供（P.58）
Unsplash

出版者
萬里機構出版有限公司
香港北角英皇道499號北角工業大廈20樓
電話：2564 7511
傳真：2565 5539
電郵：info@wanlibk.com
網址：http://www.wanlibk.com
http://www.facebook.com/wanlibk

發行者
香港聯合書刊物流有限公司
香港新界大埔汀麗路36號
中華商務印刷大廈3字樓
電話：2150 2100
傳真：2407 3062
電郵：info@suplogistics.com.hk

承印者
美雅印刷製本有限公司
香港九龍觀塘榮業街6號海濱工業大廈4樓A室

出版日期
二〇二〇年七月第一次印刷

規格
32開（213mm × 150mm）

Published and Printed in Hong Kong.
ISBN 978-962-14-7248-9